大型网站技术架构

核心原理与案例分析

李智慧 著

电子工业出版社
Publishing House of Electronics Industry
北京·BEIJING

内 容 简 介

本书通过梳理大型网站技术发展历程，剖析大型网站技术架构模式，深入讲述大型互联网架构设计的核心原理，并通过一组典型网站技术架构设计案例，为读者呈现一幅包括技术选型、架构设计、性能优化、Web 安全、系统发布、运维监控等在内的大型网站开发全景视图。

本书不仅适用于指导网站工程师、架构师进行网站技术架构设计，也可用于指导产品经理、项目经理、测试运维人员等了解网站技术架构的基础概念；还可供包括企业系统开发人员在内的各类软件开发从业人员借鉴，了解大型网站的解决方案和开发理念。

图书在版编目（CIP）数据

大型网站技术架构：核心原理与案例分析 / 李智慧著. —北京：电子工业出版社，2013.9
ISBN 978-7-121-21200-0

Ⅰ. ①大… Ⅱ. ①李… Ⅲ. ①网站－建设 Ⅳ.①TP393.092

中国版本图书馆 CIP 数据核字(2013)第 182399 号

责任编辑：徐津平
印　　刷：北京虎彩文化传播有限公司
装　　订：北京虎彩文化传播有限公司
出版发行：电子工业出版社
　　　　　北京市海淀区万寿路 173 信箱　邮编：100036
开　　本：720×1000　1/16　印张：15　字数：240 千字
版　　次：2013 年 9 月第 1 版
印　　次：2025 年 2 月第 31 次印刷
定　　价：59.00 元

凡所购买电子工业出版社图书有缺损问题，请向购买书店调换。若书店售缺，请与本社发行部联系，联系及邮购电话：(010) 88254888，88258888。

质量投诉请发邮件至 zlts@phei.com.cn，盗版侵权举报请发邮件至 dbqq@phei.com.cn。

本书咨询联系方式：010-51260888-819　faq@phei.com.cn。

好评袭来

这是我看过的最接地气的一本介绍互联网架构的书籍，深入阐述了大型网站所面临的各种架构问题及解决方案，内容通俗易懂，而且对架构师的领导艺术进行了介绍，很值得从事互联网的技术人员学习和参考。

IBM 咨询经理　钟新华

此书读来亲切，能用不到 300 页的篇幅将网站架构的过去及未来说得如此通俗易懂，与作者多年的亲身实践分不开，并由此想到一个问题：当此书人手一本的时候，阿里、腾讯、京东……的面试官们怎么办呢？

Oracle 资深工程师　付银海

智慧同学，人如其名，在阿里巴巴，人称"教授"，可见其博学多才。《大型网站技术架构：核心原理与案例分析》一书更是其多年积淀厚积薄发之作，涵盖构建大型互联网应用所需的关键技术，兼具实用性和前瞻性，无论是高并发、高性能还是海量数据处理、Web 前端架构，都有针对性的解决之道。尤其难得的是此书还对架构师的内涵及技术管理有比较深刻的阐述，实在是同类书籍中难得一见的。作为互联网应用的开发者、架构师和创业者的你，一定不要错过本书，本书足以解决你的技术之忧。

拓维信息平台研发总监　陈斌

教授（本书作者在阿里巴巴的昵称）曾在知名的大型互联网公司第一线浴血多年，经验不可谓不丰富，然而更难得的是他不仅博闻强记，更用行云流水的幽默文风，将现代大型互联网的内部要害——庖解。也许各家细节略有不同，但大部分的大型互联网站基本都可以用这样的视角去解读。相信本书不仅对程序员，甚至对很多架构师也有参考价值，尤其值得关注的是教授在书中颇多技术之外的考量思索，我愿意称之为互联网基因。

堆糖网技术合伙人　曹文炯

有幸拜读了这本《大型网站技术架构：核心原理与案例分析》，本书从多个层面说明了如何构建一个高可用、高性能、高可扩展性的网站系统，并结合了阿里巴巴及其他互联网企业先进的架构实践经验进行案例分析，讲述非常全面且具指导意义。本书从网站的架构设计、快速开发、高效部署、业务监控、服务治理、运维管理等多个角度描述了架构设计的相关重点，涉及的核心技术包括前端优化、CDN、反向代理、缓存、消息队列、分布式存储、分布式服务、NoSQL 存储、搜索、监控、安全等一系列保证大型网站安全可靠运行的关键技术点。本书还提供了网站如何从小型网站伴随用户成长，逐步扩展到大型网站的架构演进思路，是互联网架构师们不可多得的一本技术参考书。

中兴通讯总工程师　钱煜明

设计和规划一个网站的总体架构涉及方方面面的东西，备选的方案也很多，如何在五花八门，纷繁复杂的技术中构建最适合用户的网站架构，变成了一件极具争议和挑战性的工作。一个好的架构可以以最低的成本，在满足用户需求的同时，满足整个网站的架构灵活性；同样，一个糟糕的架构可能会让你的客户在花费了大量金钱后，得到一堆笨重、复杂且不切实际的东西，或是由于系统过于复杂，故障不断，或是由于架构不够灵活，阻碍业务的发展等等。

回顾网站架构的发展历程，我们可以发现任何大型网站架构的发展都非一蹴而就的，同自然界生物竞天择的自然进化规律一样，大型网站的架构发展和演变也基本遵循着类似的规律。我们可能无法想象几年后网站架构的样子，因为在互联网行业快速变化的当下，你甚至很难准确地预测未来一年网站的产品演变方向，甚至网站流量规模。于是，产品设计师和工程师们提得最多的是迭代和演变，这在一个网站系统架构设计过程中显得尤为重要，因为我们永远无法像传统行业一样，去精确地估算，并按预先精确设计好的图纸去完成我们的产品。那是不是网站的架构设计和规划就毫无规律及章法可循了呢？答案显然不是，在互联网快速发展的今天，随着搜索引擎、电子商务、社交类等互联网产品逐步应用到每个人的身边，大型网站的架构及很多关键技术的发展，在逐步走向成熟。在构建一个大型网站过程中可能面临一些问题，人们正在尝试逐渐总结并积累出一些具有通用性的、经过验证的且成熟的局部解决方案，这也是本书将呈现给大家的内容。本书中，作者以自己多年大型互联网网站的架构经验，尝试总结当下这些互联网行业中相对成熟且经过大量案例检验的技术和方案。

相信通过阅读本书，您可以一窥大型网站架构的全貌。

阿里巴巴技术专家　余俊

循序渐进，娓娓道来，语言生动，举重若轻。

阿里云高级专家　李文兆

推荐序一

　　传统的企业应用系统主要面对的技术挑战是处理复杂凌乱、千变万化的所谓业务逻辑，而大型网站主要面对的技术挑战是处理超大量的用户访问和海量的数据处理；前者的挑战来自功能性需求，后者的挑战来自非功能性需求；功能性需求也许还有"人月神话"聊以自慰，通过增加人手解决问题，而非功能需求大多是实实在在的技术难题，无论有多少工程师，做不到就是做不到。IT系统应用于企业管理已有超过半个世纪的历史，人们在这方面积累了大量的知识和经验（架构模式，领域分析，项目管理），而真正意义上大型网站从出现至今不过短短十多年的时间，很多技术挑战还在摸索阶段。市面上关于传统企业应用开发的书籍汗牛充栋，而真正能够深入全面地阐述大型网站技术架构的图书寥寥无几。所以很多人就很困惑：为什么很多看起来不是很复杂的网站，比如Facebook、淘宝，都需要大量顶尖高手来开发呢？

　　值得庆幸的是，作者为我们带来了这本《大型网站技术架构：核心原理与案例分析》，比较全面地阐述了大型网站的主要技术挑战和解决方案。宏观层面上，将网站架构的演化发展、架构模式、核心要素一一道来；微观层面上，将网站架构常用的分布式缓存、负载均衡、消息队列、分布式服务、甚至网站如何发布运维都逐一进行了阐述。大型网站的技术之道尽在于此。

　　作者在阿里巴巴工作期间，一方面参与基础技术平台产品开发，一方面参与网站架构设计，这些经历使作者能够比较全面地从理论和实践两个视角去看待和描述网站架构。书中的技术内容基本都从为什么（Why）要这么做和如何去做（How）两个层面进行表述。

读者可知其然并知其所以然。

阅读本书也许不能使你就此掌握大型网站架构设计的屠龙之术，但至少使你对网站架构的方法和思维方式能有全面了解。

开卷有益，应该指的就是这样的书。

支付宝研究员　潘磊

推荐序二

这些年互联网技术蓬勃发展，各种成熟的组件、工具、框架越来越丰富，各种理论逐渐发展成熟，各大公司公开的理论和实践资料也越来越多，在各个领域都有比较成熟的解决方案，但是研究领先互联网公司的架构，无论是 Google、Facebook、Amazon 还是淘宝、支付宝、腾讯、百度，都各有其独特的地方。

各个环节都有成熟的产品或者方案，为什么这么多互联网公司的架构还有如此明显的差异呢？是不是照着 Google、Facebook、淘宝的架构做，就能做好一个"大型的互联网应用"呢？

正如本书中所言："好的设计绝对不是模仿、不是生搬硬套某个模式，而是在对问题深刻理解之上的创造与创新，即使是'微创新'，也是让人耳目一新的似曾相识。山寨与创新的最大区别不在于是否抄袭、是否模仿，而在于对问题和需求是否真正理解与把握。"

这些大型的互联网应用是设计出来的？还是演化出来的？在设计的过程中需要考虑哪些因素？演化过程中都会面临哪些问题，哪些挑战？

本书从性能、可用性、伸缩性、扩展性、安全性几个网站核心架构要素切入，全面地介绍了这些核心要素面临的问题域、理论基础及应对方案；对这几个方面进行系统地分析，结合目前成熟的解决方案，以及作者自己的工作经验，理论联系实际，踏实细致地提出合理的解决方案，非常值得我们学习和借鉴。

作者还通过对淘宝、Wikipedia、分布式存储系统、秒杀系统等案例的分析，仔细探讨了典型互联网架构的演进过程，剖析了分布式系统设计和实现中的挑战和解决方案，并研究了极端情况下，秒杀给网站带来的难以预计的瞬间高并发冲击的应对策略和架构设计。还通过一些实实在在发生过的故障案例分析，从另一个侧面来说明，我们在做技术架构时，需要考量的一些关键点，这些分享都是不可多得的血泪经验。

本书观点明确，涉及的问题域有针对性和全面性，对问题的分析过程清晰，提出的解决方案切实可行，充分结合了目前成功的互联网公司的架构经验，结合了作者丰富的工作经验，是一本值得行业内人士学习和关注的好书。

作者李智慧在互联网行业具有丰富的经验，在阿里巴巴工作的几年中担任架构师，参与过多个重要的项目和产品的架构设计，遇到和处理了很多复杂的问题，在这方面积累了大量的经验。本书是作者多年的架构师经历，以及时刻的思考和积累的结晶，一词一句都是经验之谈，都是智慧的闪亮。

感谢作者耗费精力给我们带来如此精炼而又内容丰富的一本好书。

支付宝资深架构师　王定乾

序

我为什么要写这本书

我想写一本关于网站架构方面的书源起于 2011 年年末至 2012 年年初发生的两件事。

2011 年末，京东网图书促销，在打 5 折的基础上再满一百送一百，作为一个爱买书胜过爱读书的人，我对这种促销活动根本没有免疫力，于是兴致勃勃地在活动当天登录www.360buy.com，准备将收藏夹里的图书一网打尽。

往购物车里尽情地塞了一堆书后，点击"购买"按钮，但是浏览器迟迟没有响应，预感到京东的服务器可能因为并发访问量过高，超过了系统的最大负载能力，果然过了一会，浏览器页面显示"Service is too busy"。我不甘心，返回购物车页面继续点击"购买"按钮，浏览器继续显示"Service is too busy"。

于是我猜测：能够正常访问购物车，却不能成功购买，问题应该是出在订单系统，B2C 网站生成一个订单需要经历扣减库存、扣减促销资源、更新用户账户等一系列操作，这些操作大多是数据库事务操作，没有办法通过缓存等手段来减轻数据库服务器负载压力，如果事前没有设计好数据库伸缩性架构，那么京东的技术团队将遇到一个大麻烦。

当天晚上，我登录新浪微博，看到京东的大老板刘强东发布了一条微博："我已经紧急采购了 10 台服务器，增强网站后台，明天继续促销一天，一定让大家买到书"。即使在有成熟数据库伸缩性架构设计的前提下，进行一次数据库扩容也是件棘手的事，而京东只需要一个晚上就能搞定，让我对京东的技术实力刮目相看。

第二天一上班，我的第一件事就是登录 www.360buy.com，点击"购买"按钮后悲剧地发现页面还是"Service is too busy"。当天晚上，刘强东又发布了一条微博："请信息部的同事喝茶"。还配了一张照片：一张大桌子，只有一杯茶，旁边放了一把刀……

我想京东信息部的同事绝对不是有意要捉弄他们的老板和客户，很可能是他们错误地判断了系统的瓶颈及伸缩性架构的困难，对老板做出了过度承诺，而这背后折射出的是他们对网站架构的本质缺乏了解。

另一件事发生在 2012 年年初，当时的中国铁道部官方售票网站 www.12306.cn 在春运期间因为大量用户访问而崩溃，无法有效访问。12306 作为一个运营不久的网站，缺乏大规模并发访问处理的经验，遇到一些问题其实不奇怪，不管花多少钱，经验教训都需要经历时间和挫折才能得到。奇怪的是，12306 的架构师似乎对这种可能发生的大规模并发访问产生的问题完全没有一点概念，系统好像根本没有经过任何高并发场景下的性能评估和性能测试，就那么干脆利落地崩溃了，趴在那里长时间起不来。

这两件事情促使我想写一本关于网站架构的书，阐述网站技术架构最基本的驱动力，基础的架构设计原理，以及架构方案选择的价值观。希望软件工程师们在解决问题之前，能够认真思考自己面对的真正问题究竟是什么，有哪些技术方案可以选择，其基本原理是什么。所以这本书里没有高深的算法和聱牙诘屈的公式，也很少有程序代码。读者可以把本书当作网站架构设计的科普书，即使对网站架构没有什么了解，也能够比较轻松地阅读。

在本书的写作过程中（2012 年下半年），没有再看到京东促销宕机的新闻，12306 也逐渐稳定成熟。我们虽然无法猜测京东"信息部的同事"和 12306 网站的工程师们付出了多少努力，但能在相对比较短的时间里解决这些技术问题，也说明了网站架构其实并不难，真正能解决问题的技术一定是简单的。

本书致力于把这些简单的技术和道理呈现给读者。

如何阅读本书

我自己读书不求甚解，遇到看不懂的地方就跳过去，但是希望作者对难点和重点能换个角度和方式在后面章节再叙述，以帮助我重新思考和认识前面不能理解的重要知识。

机械制图的时候，通常使用三视图描述一个机械零件，从正视、侧视、俯视三个角度对一个零件绘图，从而全面描述一个零件的结构。软件架构设计中常用的 4+1 视图模型，也是一种多角度描述软件系统设计的手段。

本书中，重要的架构原理和技术方案都采用多角度描述的方法。

第 1 篇，从演化、模式、要素三个维度描述网站整体架构。

第 2 篇，从性能、可用性、伸缩性、扩展性、安全这五个要素方面详细描述网站架构核心原理，其中重要的负载均衡、异步处理、分布式缓存等技术方案又在不同章节从多角度进行描述。

第 3 篇，通过几个具体案例再一次从整体和局部描述网站架构方法。

第 4 篇，从架构师做事的角度回顾网站技术架构，读者在阅读前面技术章节感到枯燥的时候，也可以跳到本篇休闲放松下。

阅读本书过程中有任何问题和建议，请联系作者。新浪微博：**@大型网站技术架构**。

致　谢

2012 年五一节前夕，当我拜访博文视点的编辑胡辛征，商谈出版一本关于大型网站技术架构的图书时，没有想到自己面临的挑战是如此巨大。

整个图书写作过程就像喝醉了酒：头痛欲裂，有很多话想说，但又不知该从何说起。

我很庆幸，这个过程有你们陪伴、支持、鼓励和帮助，是你们给了我继续前行的勇气。

感谢易普际的培训顾问周腾飞，策划并鼓励我去写这本书。

感谢阿里巴巴的技术专家余俊和何坤，这本书的大纲和结构就是和你们在钱塘江畔散步时聊出来的，但很遗憾最后没能成功蛊惑你们和我一起创作本书。

感谢阿里巴巴高级开发工程师熊红亮、丁夏珍；IBM 咨询经理钟新华、架构师吴业勇；百度产品经理王晟；Intel 运维工程师 Liu Gongmin 给予的建议和鼓励。

感谢博文视点的编辑刘皎、郑柳洁，以及许多我不知道名字的编辑为本书最终出版付出的努力。

感谢阿里巴巴资深架构师潘磊、王定乾、钱霄、王齐，指引我进入网站架构的知识殿堂。

本书很多内容源自阿里同学们的知识库，原谅我无法一一致谢。

感谢我的妻子方芬香，你给予我一个新的世界，让我如此热爱生活。

目　录

第1篇　概述

第 2 篇 架构

4 瞬时响应：网站的高性能架构 34

8　固若金汤：网站的安全架构　　135

第 3 篇　案例

第 1 篇

概　述

1

大型网站架构演化

如果把 20 世纪 90 年代初 CERN 正式发布 Web 标准和第一个 Web 服务的出现当做互联网站的开始，那么互联网站的发展只经历了短短 20 多年的时间。在 20 多年的时间里，互联网的世界发生了巨大变化，今天，全球有近一半的人口使用互联网，人们的生活因为互联网而产生了巨大改变。从信息检索到即时通信，从电子购物到文化娱乐，互联网渗透到生活的每个角落，而且这种趋势还在加速。因为互联网，我们的世界正变得越来越小。

同时我们也看到，在互联网跨越式发展的进程中，在电子商务火热的市场背后却是不堪重负的网站架构，某些 B2C 网站逢促销必宕机几乎成为一种规律，而铁道部电子客票官方购票网站的频繁故障和操作延迟更将这一现象演绎得淋漓尽致。

一边是企业在网站技术上的大量投入，一边却是网站在关键时刻的频繁宕机；一边是工程师夜以继日地加班工作，一边却是网站故障频发新功能上线缓慢；一边是互联网业务快速发展多领域挑战传统行业，一边却是网站安全漏洞频发让网民胆战心惊怨声载道。

如何打造一个高可用、高性能、易扩展、可伸缩且安全的网站？如何让网站随应用所需灵活变动，即使是山寨他人的产品，也可以山寨的更高、更快、更强，一年时间用户数从零过亿呢？

1.1 大型网站软件系统的特点

与传统企业应用系统相比，大型互联网应用系统有以下特点。

高并发，大流量：需要面对高并发用户，大流量访问。Google 日均 PV 数 35 亿，日均 IP 访问数 3 亿；腾讯 QQ 的最大在线用户数 1.4 亿（2011 年数据）；淘宝 2012 年"双十一"活动一天交易额超过 191 亿，活动开始第一分钟独立访问用户达 1000 万。

高可用：系统 7×24 小时不间断服务。大型互联网站的宕机事件通常会成为新闻焦点，例如 2010 年百度域名被黑客劫持导致不能访问，成为重大新闻热点。

海量数据：需要存储、管理海量数据，需要使用大量服务器。Facebook 每周上传的照片数目接近 10 亿，百度收录的网页数目有数百亿，Google 有近百万台服务器为全球用户提供服务。

用户分布广泛，网络情况复杂：许多大型互联网都是为全球用户提供服务的，用户分布范围广，各地网络情况千差万别。在国内，还有各个运营商网络互通难的问题。而中美光缆的数次故障，也让一些对国外用户依赖较大的网站不得不考虑在海外建立数据中心。

安全环境恶劣：由于互联网的开放性，使得互联网站更容易受到攻击，大型网站几乎每天都会被黑客攻击。2011 年国内多个重要网站泄露用户密码，让普通用户也直面一次互联网安全问题。

需求快速变更，发布频繁：和传统软件的版本发布频率不同，互联网产品为快速适应市场，满足用户需求，其产品发布频率是极高的。Office 的产品版本以年为单位发布，而一般大型网站的产品每周都有新版本发布上线，至于中小型网站的发布就更频繁了，有时候一天会发布几十次。

渐进式发展：与传统软件产品或企业应用系统一开始就规划好全部的功能和非功能需求不同，几乎所有的大型互联网站都是从一个小网站开始，渐进地发展起来的。Facebook 是扎克伯格同学在哈佛大学的宿舍里开发的；Google 的第一台服务器部署在斯坦福大学的实验室里；阿里巴巴则是在马云家的客厅里诞生的。好的互联网产品都是慢慢运营出来的，不是一开始就开发好的，这也正好与网站架构的发展演化过程对应。

1.2 大型网站架构演化发展历程

大型网站的技术挑战主要来自于庞大的用户，高并发的访问和海量的数据，任何简单的业务一旦需要处理数以 P 计的数据和面对数以亿计的用户，问题就会变得很棘手。大型网站架构主要就是解决这类问题。

1.2.1 初始阶段的网站架构

大型网站都是从小型网站发展而来，网站架构也是一样，是从小型网站架构逐步演化而来。小型网站最开始时没有太多人访问，只需要一台服务器就绰绰有余，这时的网站架构如图 1.1 所示。

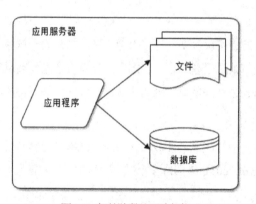

图 1.1　初始阶段的网站架构

应用程序、数据库、文件等所有的资源都在一台服务器上。通常服务器操作系统使用 Linux，应用程序使用 PHP 开发，然后部署在 Apache 上，数据库使用 MySQL，汇集各种免费开源软件及一台廉价服务器就可以开始网站的发展之路了。

1.2.2 应用服务和数据服务分离

随着网站业务的发展，一台服务器逐渐不能满足需求：越来越多的用户访问导致性能越来越差，越来越多的数据导致存储空间不足。这时就需要将应用和数据分离。应用和数据分离后整个网站使用三台服务器：应用服务器、文件服务器和数据库服务器，如

图 1.2 所示。这三台服务器对硬件资源的要求各不相同，应用服务器需要处理大量的业务逻辑，因此需要更快更强大的 CPU；数据库服务器需要快速磁盘检索和数据缓存，因此需要更快的硬盘和更大的内存；文件服务器需要存储大量用户上传的文件，因此需要更大的硬盘。

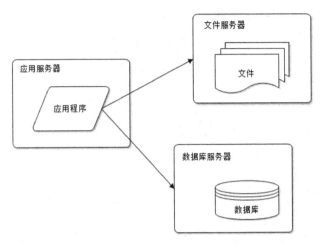

图 1.2　应用服务和数据服务分离

应用和数据分离后，不同特性的服务器承担不同的服务角色，网站的并发处理能力和数据存储空间得到了很大改善，支持网站业务进一步发展。但是随着用户逐渐增多，网站又一次面临挑战：数据库压力太大导致访问延迟，进而影响整个网站的性能，用户体验受到影响。这时需要对网站架构进一步优化。

1.2.3　使用缓存改善网站性能

网站访问特点和现实世界的财富分配一样遵循二八定律：80%的业务访问集中在20%的数据上。淘宝买家浏览的商品集中在少部分成交数多、评价良好的商品上；百度搜索关键词集中在少部分热门词汇上；只有经常登录的用户才会发微博、看微博，而这部分用户也只占总用户数目的一小部分。

既然大部分的业务访问集中在一小部分数据上，那么如果把这一小部分数据缓存在内存中，是不是就可以减少数据库的访问压力，提高整个网站的数据访问速度，改善数据库的写入性能了呢？

网站使用的缓存可以分为两种：缓存在应用服务器上的本地缓存和缓存在专门的分布式缓存服务器上的远程缓存。本地缓存的访问速度更快一些，但是受应用服务器内存限制，其缓存数据量有限，而且会出现和应用程序争用内存的情况。远程分布式缓存可以使用集群的方式，部署大内存的服务器作为专门的缓存服务器，可以在理论上做到不受内存容量限制的缓存服务，如图 1.3 所示。

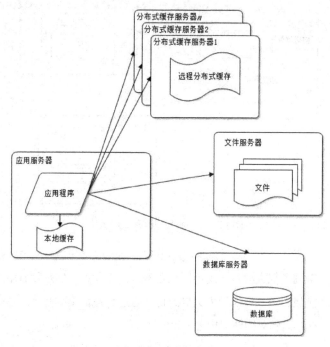

图 1.3　网站使用缓存

使用缓存后，数据访问压力得到有效缓解，但是单一应用服务器能够处理的请求连接有限，在网站访问高峰期，应用服务器成为整个网站的瓶颈。

1.2.4　使用应用服务器集群改善网站的并发处理能力

使用集群是网站解决高并发、海量数据问题的常用手段。当一台服务器的处理能力、存储空间不足时，不要企图去换更强大的服务器，对大型网站而言，不管多么强大的服务器，都满足不了网站持续增长的业务需求。这种情况下，更恰当的做法是增加一台服务器分担原有服务器的访问及存储压力。

对网站架构而言，只要能通过增加一台服务器的方式改善负载压力，就可以以同样的方式持续增加服务器不断改善系统性能，从而实现系统的可伸缩性。应用服务器实现集群是网站可伸缩集群架构设计中较为简单成熟的一种，如图 1.4 所示。

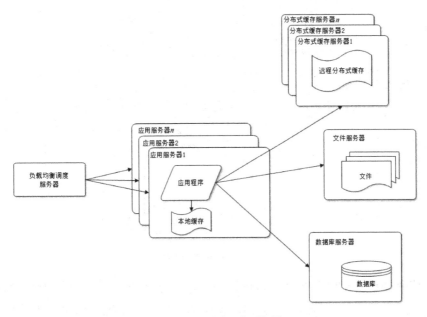

图 1.4　应用服务器集群部署

通过负载均衡调度服务器，可将来自用户浏览器的访问请求分发到应用服务器集群中的任何一台服务器上，如果有更多的用户，就在集群中加入更多的应用服务器，使应用服务器的负载压力不再成为整个网站的瓶颈。

1.2.5　数据库读写分离

网站在使用缓存后，使绝大部分数据读操作访问都可以不通过数据库就能完成，但是仍有一部分读操作（缓存访问不命中、缓存过期）和全部的写操作需要访问数据库，在网站的用户达到一定规模后，数据库因为负载压力过高而成为网站的瓶颈。

目前大部分的主流数据库都提供主从热备功能，通过配置两台数据库主从关系，可以将一台数据库服务器的数据更新同步到另一台服务器上。网站利用数据库的这一功能，实现数据库读写分离，从而改善数据库负载压力，如图 1.5 所示。

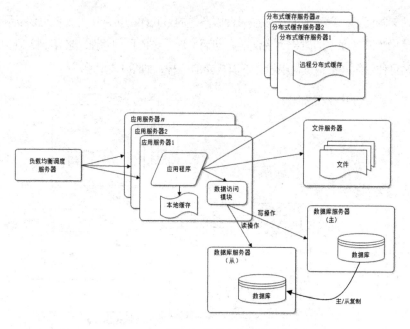

图 1.5 数据库读写分离

应用服务器在写数据的时候，访问主数据库，主数据库通过主从复制机制将数据更新同步到从数据库，这样当应用服务器读数据的时候，就可以通过从数据库获得数据。为了便于应用程序访问读写分离后的数据库，通常在应用服务器端使用专门的数据访问模块，使数据库读写分离对应用透明。

1.2.6 使用反向代理和 CDN 加速网站响应

随着网站业务不断发展，用户规模越来越大，由于中国复杂的网络环境，不同地区的用户访问网站时，速度差别也极大。有研究表明，网站访问延迟和用户流失率正相关，网站访问越慢，用户越容易失去耐心而离开。为了提供更好的用户体验，留住用户，网站需要加速网站访问速度。主要手段有使用 CDN 和反向代理，如图 1.6 所示。

CDN 和反向代理的基本原理都是缓存，区别在于 CDN 部署在网络提供商的机房，使用户在请求网站服务时，可以从距离自己最近的网络提供商机房获取数据；而反向代理则部署在网站的中心机房，当用户请求到达中心机房后，首先访问的服务器是反向代理服务器，如果反向代理服务器中缓存着用户请求的资源，就将其直接返回给用户。

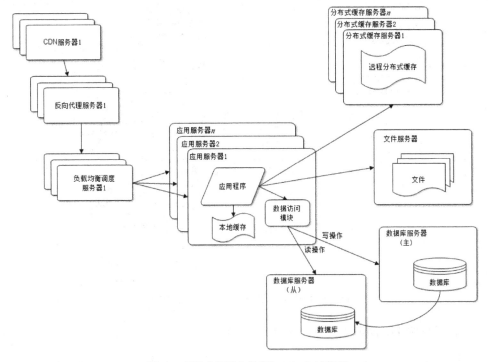

图 1.6 网站使用反向代理和 CDN 加速访问

使用 CDN 和反向代理的目的都是尽早返回数据给用户，一方面加快用户访问速度，另一方面也减轻后端服务器的负载压力。

1.2.7 使用分布式文件系统和分布式数据库系统

任何强大的单一服务器都满足不了大型网站持续增长的业务需求。数据库经过读写分离后，从一台服务器拆分成两台服务器，但是随着网站业务的发展依然不能满足需求，这时需要使用分布式数据库。文件系统也是一样，需要使用分布式文件系统，如图 1.7 所示。

分布式数据库是网站数据库拆分的最后手段，只有在单表数据规模非常庞大的时候才使用。不到不得已时，网站更常用的数据库拆分手段是业务分库，将不同业务的数据库部署在不同的物理服务器上。

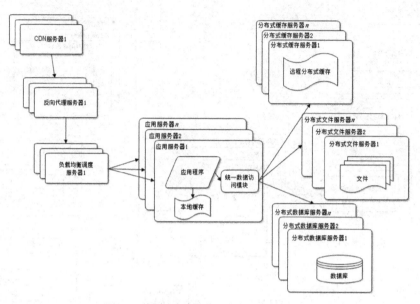

图 1.7　使用分布式文件和分布式数据库系统

1.2.8　使用 NoSQL 和搜索引擎

随着网站业务越来越复杂，对数据存储和检索的需求也越来越复杂，网站需要采用一些非关系数据库技术如 NoSQL 和非数据库查询技术如搜索引擎，如图 1.8 所示。

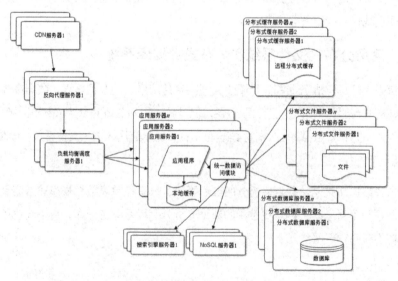

图 1.8　使用 NoSQL 系统和搜索引擎

NoSQL 和搜索引擎都是源自互联网的技术手段，对可伸缩的分布式特性具有更好的支持。应用服务器则通过一个统一数据访问模块访问各种数据，减轻应用程序管理诸多数据源的麻烦。

1.2.9 业务拆分

大型网站为了应对日益复杂的业务场景，通过使用分而治之的手段将整个网站业务分成不同的产品线，如大型购物交易网站就会将首页、商铺、订单、买家、卖家等拆分成不同的产品线，分归不同的业务团队负责。

具体到技术上，也会根据产品线划分，将一个网站拆分成许多不同的应用，每个应用独立部署维护。应用之间可以通过一个超链接建立关系（在首页上的导航链接每个都指向不同的应用地址），也可以通过消息队列进行数据分发，当然最多的还是通过访问同一个数据存储系统来构成一个关联的完整系统，如图 1.9 所示。

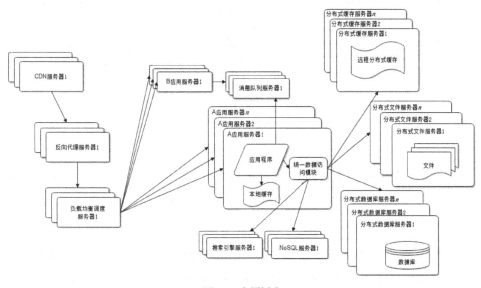

图 1.9　应用拆分

1.2.10 分布式服务

随着业务拆分越来越小，存储系统越来越庞大，应用系统的整体复杂度呈指数级增加，部署维护越来越困难。由于所有应用要和所有数据库系统连接，在数万台服务器规模的网站中，这些连接的数目是服务器规模的平方，导致数据库连接资源不足，拒绝服务。

既然每一个应用系统都需要执行许多相同的业务操作，比如用户管理、商品管理等，那么可以将这些共用的业务提取出来，独立部署。由这些可复用的业务连接数据库，提供共用业务服务，而应用系统只需要管理用户界面，通过分布式服务调用共用业务服务完成具体业务操作，如图 1.10 所示。

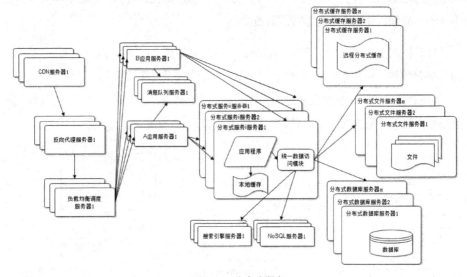

图 1.10　分布式服务

大型网站的架构演化到这里，基本上大多数的技术问题都得以解决，诸如跨数据中心的实时数据同步和具体网站业务相关的问题也都可以通过组合改进现有技术架构来解决。

但事物发展到一定阶段，就会拥有自身的发展冲动，摆脱其初衷，向着使自己更强大的方向发展。既然大型网站架构解决了海量数据的管理和高并发事务的处理，那么就可以把这些解决方案应用到网站自身以外的业务上去。我们看到目前许多大型网站都开始建设云计算平台，将计算作为一种基础资源出售，中小网站不需要再关心技术架构问题，只需要按需付费，就可以使网站随着业务的增长逐渐获得更大的存储空间和更多的计算资源。

1.3 大型网站架构演化的价值观

这个世界没有哪个网站从诞生起就是大型网站；也没有哪个网站第一次发布就拥有庞大的用户，高并发的访问，海量的数据；大型网站都是从小型网站发展而来。网站的价值在于它能为用户提供什么价值，在于网站能做什么，而不在于它是怎么做的，所以在网站还很小的时候就去追求网站的架构是舍本逐末，得不偿失的。小型网站最需要做的就是为用户提供好的服务来创造价值，得到用户的认可，活下去，野蛮生长。

所以我们看到，一方面是随着互联网的高速发展，越来越多新的软件技术和产品从互联网公司诞生，挑战传统软件巨头的江湖地位。另一方面却是中小网站十几年如一日地使用 LAMP 技术（Linux＋Apache＋MySQL＋PHP）开发自己的网站，因为 LAMP 既便宜又简单，而且对付一个中小型网站绰绰有余。

1.3.1 大型网站架构技术的核心价值是随网站所需灵活应对

大型网站架构技术的核心价值不是从无到有搭建一个大型网站，而是能够伴随小型网站业务的逐步发展，慢慢地演化成一个大型网站。在这个漫长的技术演化过程中，不需要放弃什么，不需要推翻什么，不需要剧烈的革命，就那么润物细无声地把一个只有一台服务器，几百个用户的小网站演化成一个几十万台服务器，数十亿用户的大网站。今天我们看到的大型网站，Google，Facebook，Taobao，Baidu 莫不遵循这样的技术演化路线。

1.3.2 驱动大型网站技术发展的主要力量是网站的业务发展

创新的业务发展模式对网站架构逐步提出更高要求，才使得创新的网站架构得以发展成熟。是业务成就了技术，是事业成就了人，而不是相反。所以网站架构师应该对成就自己技术成绩的网站事业心存感恩，并努力提高技术回馈业务，才能在快速发展的互联网领域保持持续进步。

不过我们也看到有些传统企业投身互联网，在业务问题还没有理清楚的时候就从外面挖来许多技术高手，仿照成功的互联网公司打造技术平台，这无疑是南辕北辙，缘木求鱼。而这些技术高手离开了他们熟悉的环境和工作模式，也是张飞拿着绣花针使不上劲来。

1.4 网站架构设计误区

在大型网站架构发展过程中有如下几个容易出现的误区。

1.4.1 一味追随大公司的解决方案

由于大公司巨大成功的光环效应，再加上从大公司挖来的技术高手的影响，网站在讨论架构决策时，最有说服力的一句话就成了"淘宝就是这么搞的"或者"Facebook 就是这么搞的"。

大公司的经验和成功模式固然重要，值得学习借鉴，但如果因此而变得盲从，就失去了坚持自我的勇气，在架构演化的道路上迟早会迷路。

1.4.2 为了技术而技术

网站技术是为业务而存在的，除此毫无意义。在技术选型和架构设计中，脱离网站业务发展的实际，一味追求时髦的新技术，可能会将网站技术发展引入崎岖小道，架构之路越走越难。

1.4.3 企图用技术解决所有问题

最典型的例子就是 2012 年年初 12306 故障事件后，软件开发技术界的反应。

各路专业和非专业人士众说纷纭地帮 12306 的技术架构出谋划策，甚至有人提议帮 12306 写一个开源的网站，解决其大规模并发访问的问题。

12306 真正的问题其实不在于它的技术架构，而在于它的业务架构：12306 根本就不应该在几亿中国人一票难求的情况下以窗口售票的模式在网上售票（零点开始出售若干天后的车票）。12306 需要重构的不仅是它的技术架构，更重要的是它的业务架构：调整业务需求，换一种方式卖票，而不要去搞促销秒杀这种噱头式的游戏。

后来证明 12306 确实是朝这个方向发展的：在售票方式上引入了排队机制、整点售票调整为分时段售票。其实如果能控制住并发访问的量，很多棘手的技术问题也就不是什么问题了。

技术是用来解决业务问题的，而业务的问题，也可以通过业务的手段去解决。

1.5 小结

时至今日，大型网站的架构演化方案已经非常成熟，各种技术方案也逐渐产品化。许多小型网站已经慢慢不需要再经历大型网站经历过的架构演化之路就可以逐步发展壮大，因为现在越来越多的网站从建立之初就是搭建在大型网站提供的云计算服务基础之上，所需要的一切技术资源：计算、存储、网络都可以按需购买，线性伸缩，不需要自己一点一点地拼凑各种资源，综合使用各种技术方案逐步去完善自己的网站架构了。

所以能亲身经历一个网站从小到大的架构演化过程的网站架构师越来越少，虽然过去有这种经历的架构师也很少（从小型网站发展成大型网站的机会本来就极少），但是将来可能真就没有了。

但也正因为网站架构技术演化过程难以重现，所以网站架构师更应该对这个过程深刻了解，理解已成熟的网站架构技术方案的来龙去脉和历史渊源，在技术选型和架构决策时才能有的放矢，直击要害。

2

大型网站架构模式

关于什么是模式，这个来自建筑学的词汇是这样定义的："**每一个模式描述了一个在我们周围不断重复发生的问题及该问题解决方案的核心。这样，你就能一次又一次地使用该方案而不必做重复工作**"。模式的关键在于模式的可重复性，问题与场景的可重复性带来解决方案的可重复使用。

> 我们的现实生活中充斥着几乎千篇一律的人生架构模式：读重点学校，选热门专业，进稳定高收入的政府部门和企业，找门当户对的配偶，生一个听话的孩子继续这个模式……但是人生不同于软件，精彩的人生绝不会来自于复制。

也许互联网产品不是随便复制就能成功的，创新的产品更能为用户创造价值。但是网站架构却有一些共同的模式，这些模式已经被许多大型网站一再验证，通过对这些模式的学习，我们可以掌握大型网站架构的一般思路和解决方案，以指导我们的架构设计。

2.1 网站架构模式

为了解决大型网站面临的高并发访问、海量数据处理、高可靠运行等一系列问题与挑战，大型互联网公司在实践中提出了许多解决方案，以实现网站高性能、高可用、易伸缩、可扩展、安全等各种技术架构目标。这些解决方案又被更多网站重复使用，从而逐渐形成大型网站架构模式。

2.1.1 分层

分层是企业应用系统中最常见的一种架构模式，将系统在横向维度上切分成几个部分，每个部分负责一部分相对比较单一的职责，然后通过上层对下层的依赖和调用组成一个完整的系统。

分层结构在计算机世界中无处不在，网络的 7 层通信协议是一种分层结构；计算机硬件、操作系统、应用软件也可以看作是一种分层结构。在大型网站架构中也采用分层结构，将网站软件系统分为应用层、服务层、数据层，如表 2.1 所示。

表 2.1 网站分层架构

应用层	负责具体业务和视图展示，如网站首页及搜索输入和结果展示
服务层	为应用层提供服务支持，如用户管理服务，购物车服务等
数据层	提供数据存储访问服务，如数据库、缓存、文件、搜索引擎等

通过分层，可以更好地将一个庞大的软件系统切分成不同的部分，便于分工合作开发和维护；各层之间具有一定的独立性，只要维持调用接口不变，各层可以根据具体问题独立演化发展而不需要其他层必须做出相应调整。

但是分层架构也有一些挑战，就是必须合理规划层次边界和接口，在开发过程中，严格遵循分层架构的约束，禁止跨层次的调用（应用层直接调用数据层）及逆向调用（数据层调用服务层，或者服务层调用应用层）。

在实践中，大的分层结构内部还可以继续分层，如应用层可以再细分为视图层（美工负责）和业务逻辑层（工程师负责）；服务层也可以细分为数据接口层（适配各种输入和输出的数据格式）和逻辑处理层。

分层架构是逻辑上的，在物理部署上，三层结构可以部署在同一个物理机器上，但是随着网站业务的发展，必然需要对已经分层的模块分离部署，即三层结构分别部署在不同的服务器上，使网站拥有更多的计算资源以应对越来越多的用户访问。

所以虽然分层架构模式最初的目的是规划软件清晰的逻辑结构便于开发维护，但在网站的发展过程中，分层结构对网站支持高并发向分布式方向发展至关重要。因此在网站规模还很小的时候就应该采用分层的架构，这样将来网站做大时才能有更好地应对。

2.1.2 分割

如果说分层是将软件在横向方面进行切分，那么分割就是在纵向方面对软件进行切分。

网站越大，功能越复杂，服务和数据处理的种类也越多，将这些不同的功能和服务分割开来，包装成高内聚低耦合的模块单元，一方面有助于软件的开发和维护；另一方面，便于不同模块的分布式部署，提高网站的并发处理能力和功能扩展能力。

大型网站分割的粒度可能会很小。比如在应用层，将不同业务进行分割，例如将购物、论坛、搜索、广告分割成不同的应用，由独立的团队负责，部署在不同的服务器上；在同一个应用内部，如果规模庞大业务复杂，会继续进行分割，比如购物业务，可以进一步分割成机票酒店业务、3C 业务，小商品业务等更细小的粒度。而即使在这个粒度上，还是可以继续分割成首页、搜索列表、商品详情等模块，这些模块不管在逻辑上还是物理部署上，都可以是独立的。同样在服务层也可以根据需要将服务分割成合适的模块。

2.1.3 分布式

对于大型网站，分层和分割的一个主要目的是为了切分后的模块便于分布式部署，即将不同模块部署在不同的服务器上，通过远程调用协同工作。分布式意味着可以使用更多的计算机完成同样的功能，计算机越多，CPU、内存、存储资源也就越多，能够处理的并发访问和数据量就越大，进而能够为更多的用户提供服务。

但分布式在解决网站高并发问题的同时也带来了其他问题。首先，分布式意味着服务调用必须通过网络，这可能会对性能造成比较严重的影响；其次，服务器越多，服务器宕机的概率也就越大，一台服务器宕机造成的服务不可用可能会导致很多应用不可访问，使网站可用性降低；另外，数据在分布式的环境中保持数据一致性也非常困难，分布式事务也难以保证，这对网站业务正确性和业务流程有可能造成很大影响；分布式还导致网站依赖错综复杂，开发管理维护困难。因此分布式设计要根据具体情况量力而行，切莫为了分布式而分布式。

在网站应用中，常用的分布式方案有以下几种。

分布式应用和服务：将分层和分割后的应用和服务模块分布式部署，除了可以改善网站性能和并发性、加快开发和发布速度、减少数据库连接资源消耗外；还可以使不同应用复用共同的服务，便于业务功能扩展。

分布式静态资源：网站的静态资源如 JS，CSS，Logo 图片等资源独立分布式部署，并采用独立的域名，即人们常说的动静分离。静态资源分布式部署可以减轻应用服务器的负载压力；通过使用独立域名加快浏览器并发加载的速度；由负责用户体验的团队进行开发维护有利于网站分工合作，使不同技术工种术业有专攻。

分布式数据和存储：大型网站需要处理以 P 为单位的海量数据，单台计算机无法提供如此大的存储空间，这些数据需要分布式存储。除了对传统的关系数据库进行分布式部署外，为网站应用而生的各种 NoSQL 产品几乎都是分布式的。

分布式计算：严格说来，应用、服务、实时数据处理都是计算，网站除了要处理这些在线业务，还有很大一部分用户没有直观感受的后台业务要处理，包括搜索引擎的索引构建、数据仓库的数据分析统计等。这些业务的计算规模非常庞大，目前网站普遍使用 Hadoop 及其 MapReduce 分布式计算框架进行此类批处理计算，其特点是移动计算而不是移动数据，将计算程序分发到数据所在的位置以加速计算和分布式计算。

此外，还有可以支持网站线上服务器配置实时更新的**分布式配置**；分布式环境下实现并发和协同的**分布式锁**；支持云存储的**分布式文件**系统等。

2.1.4　集群

使用分布式虽然已经将分层和分割后的模块独立部署，但是对于用户访问集中的模块（比如网站的首页），还需要将独立部署的服务器集群化，即多台服务器部署相同应用构成一个集群，通过负载均衡设备共同对外提供服务。

因为服务器集群有更多服务器提供相同服务，因此可以提供更好的并发特性，当有更多用户访问的时候，只需要向集群中加入新的机器即可。同时因为一个应用由多台服务器提供，当某台服务器发生故障时，负载均衡设备或者系统的失效转移机制会将请求转发到集群中其他服务器上，使服务器故障不影响用户使用。所以在网站应用中，即使是访问量很小的分布式应用和服务，也至少要部署两台服务器构成一个小的集群，目的就是提高系统的可用性。

2.1.5 缓存

缓存就是将数据存放在距离计算最近的位置以加快处理速度。缓存是改善软件性能的第一手段，现代 CPU 越来越快的一个重要因素就是使用了更多的缓存，在复杂的软件设计中，缓存几乎无处不在。大型网站架构设计在很多方面都使用了缓存设计。

CDN：即内容分发网络，部署在距离终端用户最近的网络服务商，用户的网络请求总是先到达他的网络服务商那里，在这里缓存网站的一些静态资源（较少变化的数据），可以就近以最快速度返回给用户，如视频网站和门户网站会将用户访问量大的热点内容缓存在 CDN。

反向代理：反向代理属于网站前端架构的一部分，部署在网站的前端，当用户请求到达网站的数据中心时，最先访问到的就是反向代理服务器，这里缓存网站的静态资源，无需将请求继续转发给应用服务器就能返回给用户。

本地缓存：在应用服务器本地缓存着热点数据，应用程序可以在本机内存中直接访问数据，而无需访问数据库。

分布式缓存：大型网站的数据量非常庞大，即使只缓存一小部分，需要的内存空间也不是单机能承受的，所以除了本地缓存，还需要分布式缓存，将数据缓存在一个专门的分布式缓存集群中，应用程序通过网络通信访问缓存数据。

使用缓存有两个前提条件，一是数据访问热点不均衡，某些数据会被更频繁的访问，这些数据应该放在缓存中；二是数据在某个时间段内有效，不会很快过期，否则缓存的数据就会因已经失效而产生脏读，影响结果的正确性。网站应用中，缓存除了可以加快数据访问速度，还可以减轻后端应用和数据存储的负载压力，这一点对网站数据库架构至关重要，网站数据库几乎都是按照有缓存的前提进行负载能力设计的。

2.1.6 异步

计算机软件发展的一个重要目标和驱动力是降低软件耦合性。事物之间直接关系越少，就越少被彼此影响，越可以独立发展。大型网站架构中，系统解耦合的手段除了前面提到的分层、分割、分布等，还有一个重要手段是异步，业务之间的消息传递不是同步调用，而是将一个业务操作分成多个阶段，每个阶段之间通过共享数据的方式异步执行进行协作。

在单一服务器内部可通过多线程共享内存队列的方式实现异步，处在业务操作前面的线程将输出写入到队列，后面的线程从队列中读取数据进行处理；在分布式系统中，多个服务器集群通过分布式消息队列实现异步，分布式消息队列可以看作内存队列的分布式部署。

异步架构是典型的生产者消费者模式，两者不存在直接调用，只要保持数据结构不变，彼此功能实现可以随意变化而不互相影响，这对网站扩展新功能非常便利。除此之外，使用异步消息队列还有如下特性。

提高系统可用性。消费者服务器发生故障，数据会在消息队列服务器中存储堆积，生产者服务器可以继续处理业务请求，系统整体表现无故障。消费者服务器恢复正常后，继续处理消息队列中的数据。

加快网站响应速度。处在业务处理前端的生产者服务器在处理完业务请求后，将数据写入消息队列，不需要等待消费者服务器处理就可以返回，响应延迟减少。

消除并发访问高峰。用户访问网站是随机的，存在访问高峰和低谷，即使网站按照一般访问高峰进行规划和部署，也依然会出现突发事件，比如购物网站的促销活动，微博上的热点事件，都会造成网站并发访问突然增大，这可能会造成整个网站负载过重，响应延迟，严重时甚至会出现服务宕机的情况。使用消息队列将突然增加的访问请求数据放入消息队列中，等待消费者服务器依次处理，就不会对整个网站负载造成太大压力。

但需要注意的是，使用异步方式处理业务可能会对用户体验、业务流程造成影响，需要网站产品设计方面的支持。

2.1.7 冗余

网站需要 7×24 小时连续运行，但是服务器随时可能出现故障，特别是服务器规模比较大时，出现某台服务器宕机是必然事件。要想保证在服务器宕机的情况下网站依然可以继续服务，不丢失数据，就需要一定程度的服务器冗余运行，数据冗余备份，这样当某台服务器宕机时，可以将其上的服务和数据访问转移到其他机器上。

访问和负载很小的服务也必须部署至少两台服务器构成一个集群，其目的就是通过冗余实现服务高可用。数据库除了定期备份，存档保存，实现**冷备份**外，为了保证在线业务高可用，还需要对数据库进行主从分离，实时同步实现**热备份**。

为了抵御地震、海啸等不可抗力导致的网站完全瘫痪，某些大型网站会对整个数据中心进行备份，全球范围内部署**灾备数据中心**。网站程序和数据实时同步到多个灾备数据中心。

2.1.8　自动化

在无人值守的情况下网站可以正常运行，一切都可以自动化是网站的理想状态。目前大型网站的自动化架构设计主要集中在发布运维方面。

发布对网站都是头等大事，许多网站故障出在发布环节，网站工程师经常加班也是因为发布不顺利。通过减少人为干预，使**发布过程自动化**可有效减少故障。发布过程包括诸多环节。**自动化代码管理**，代码版本控制、代码分支创建合并等过程自动化，开发工程师只要提交自己参与开发的产品代号，系统就会自动为其创建开发分支，后期会自动进行代码合并；**自动化测试**，代码开发完成，提交测试后，系统自动将代码部署到测试环境，启动自动化测试用例进行测试，向相关人员发送测试报告，向系统反馈测试结果；**自动化安全检测**，安全检测工具通过对代码进行静态安全扫描及部署到安全测试环境进行安全攻击测试，评估其安全性；最后进行**自动化部署**，将工程代码自动部署到线上生产环境。

此外，网站在运行过程中可能会遇到各种问题：服务器宕机、程序 Bug、存储空间不足、突然爆发的访问高峰。网站需要对线上生产环境进行**自动化监控**，对服务器进行心跳检测，并监控其各项性能指标和应用程序的关键数据指标。如果发现异常、超出预设的阈值，就进行**自动化报警**，向相关人员发送报警信息，警告故障可能会发生。在检测到故障发生后，系统会进行**自动化失效转移**，将失效的服务器从集群中隔离出去，不再处理系统中的应用请求。待故障消除后，系统进行**自动化失效恢复**，重新启动服务，同步数据保证数据的一致性。在网站遇到访问高峰，超出网站最大处理能力时，为了保证整个网站的安全可用，还会进行**自动化降级**，通过拒绝部分请求及关闭部分不重要的服务将系统负载降至一个安全的水平，必要时，还需要**自动化分配资源**，将空闲资源分配给重要的服务，扩大其部署规模。

2.1.9 安全

互联网的开放特性使得其从诞生起就面对巨大的安全挑战，网站在安全架构方面也积累了许多模式：通过**密码**和**手机校验码**进行身份认证；登录、交易等操作需要对网络通信进行**加密**，网站服务器上存储的敏感数据如用户信息等也进行加密处理；为了防止机器人程序滥用网络资源攻击网站，网站使用**验证码**进行识别；对于常见的用于**攻击**网站的 XSS 攻击、SQL 注入，进行编码转换等相应处理；对于垃圾信息、敏感信息进行**过滤**；对交易转账等重要操作根据交易模式和交易信息进行**风险控制**。

2.2 架构模式在新浪微博的应用

短短几年时间新浪微博的用户数就从零增长到数亿，明星用户的粉丝数达数千万，围绕着新浪微博正在发展一个集社交、媒体、游戏、电商等多位一体的生态系统。

同大多数网站一样，新浪微博也是从一个小网站发展起来的。简单的 LAMP（Linux+Apache+MySQL+PHP）架构，支撑起最初的新浪微博，应用程序用 PHP 开发，所有的数据，包括微博、用户、关系都存储在 MySQL 数据库中。

这样简单的架构无法支撑新浪微博快速发展的业务需求，随着访问用户的逐渐增加，系统不堪重负。新浪微博的架构在较短时间内几经重构，最后形成现在的架构，如图 2.1 所示。

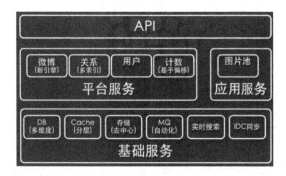

图 2.1　新浪微博的系统架构

（图片来源：http://timyang.net/architecture/weibo/）

系统**分为三个层次**，最下层是基础服务层，提供数据库、缓存、存储、搜索等数据服务，以及其他一些基础技术服务，这些服务支撑了新浪微博的海量数据和高并发访问，是整个系统的技术基础。

中间层是平台服务和应用服务层，新浪微博的核心服务是微博、关系和用户，它们是新浪微博业务大厦的支柱。这些服务被分割为独立的服务模块，通过依赖调用和共享基础数据构成新浪微博的业务基础。

最上层是 API 和新浪微博的业务层，各种客户端（包括 Web 网站）和第三方应用，通过调用 API 集成到新浪微博的系统中，共同组成一个生态系统。

这些被分层和分割后的业务模块与基础技术模块**分布式**部署，每个模块都部署在一组独立的服务器**集群**上，通过远程调用的方式进行依赖访问。新浪微博在早期还使用过一种叫作 MPSS（MultiPort Single Server，单服务器多端口）的分布式集群部署方案，在集群中的多台服务器上，每台都部署多个服务，每个服务使用不同的端口对外提供服务，通过这种方式使得有限的服务器可以部署更多的服务实例，改善服务的负载均衡和可用性。现在网站应用中常见的将物理机虚拟化成多个虚拟机后，在虚拟机上部署应用的方案跟新浪微博的 MPSS 方案异曲同工，只是更加简单，还能在不同虚拟机上使用相同的端口号。

在新浪微博的早期架构中，微博发布使用同步推模式，用户发表微博后系统会立即将这条微博插入到数据库所有粉丝的订阅列表中，当用户量比较大时，特别是明星用户发布微博时，会引起大量的数据库写操作，超出数据库负载，系统性能急剧下降，用户响应延迟加剧。后来新浪微博改用**异步**推拉结合的模式，用户发表微博后系统将微博写入消息队列后立即返回，用户响应迅速，消息队列消费者任务将微博推送给所有当前在线粉丝的订阅列表中，非在线用户登录后再根据关注列表拉取微博订阅列表。

由于微博频繁刷新，新浪微博使用多级**缓存**策略，热门微博和明星用户的微博缓存在所有的微博服务器上，在线用户的微博和近期微博缓存在分布式缓存集群中，对于微博操作中最常见的"刷微博"操作，几乎全部都是缓存访问操作，可以获得很好的系统性能。

为了提高系统的整体可用性和性能，新浪微博启用了多个数据中心。这些数据中心既是地区用户访问中心，用户可以就近访问最近的数据中心以加快访问速度，改善系统性能；同时也是数据**冗余**复制的灾备中心，所有的用户和微博数据通过远程消息系统在不同的数据中心之间同步，提高系统可用性。

同时，新浪微博还开发了一系列**自动化**工具，包括自动化监控，自动化发布，自动化故障修复等，这些自动化工具还在持续开发中，以改善运维水平提高系统可用性。

由于微博的开放特性，新浪微博也遇到了一系列**安全**挑战，垃圾内容、僵尸粉、微博攻击从未停止，除了使用一般网站常见的安全策略，新浪微博在开放平台上使用多级安全审核的策略以保护系统和用户。

2.3　小结

在程序设计与架构设计领域，模式正变得越来越受人关注，许多人寄希望通过模式一劳永逸地解决自己的问题。正确使用模式可以更好地利用业界和前人的思想与实践，用更少的时间开发出更好的系统，使设计者的水平也达到更高的境界。但是模式受其适用场景限制，对系统的要求和约束也很多，不恰当地使用模式只会画虎不成反类犬，不但没有解决原来的老问题，反而带来了更棘手的新问题。

好的设计绝对不是模仿，不是生搬硬套某个模式，而是对问题深刻理解之上的创造与创新，即使是"微创新"，也是让人耳目一新的似曾相识。山寨与创新的最大区别不在于是否抄袭，是否模仿，而在于对问题和需求是否真正理解与把握。

3

大型网站核心架构要素

关于什么是**架构**，一种比较通俗的说法是**"最高层次的规划，难以改变的决定"**，这些规划和决定奠定了事物未来发展的方向和最终的蓝图。

> 从这个意义上说，人生规划也是一种架构。选什么学校、学什么专业、进什么公司、找什么对象，过什么样的生活，都是自己人生的架构。

具体到**软件架构**，维基百科是这样定义的：**"有关软件整体结构与组件的抽象描述，用于指导大型软件系统各个方面的设计"**。系统的各个重要组成部分及其关系构成了系统的架构，这些组成部分可以是具体的功能模块，也可以是非功能的设计与决策，他们相互关联组成一个整体，共同构成了软件系统的架构。

一般说来，除了当前的系统功能需求外，软件架构还需要关注性能、可用性、伸缩性、扩展性和安全性这 5 个架构要素，架构设计过程中需要平衡这 5 个要素之间的关系以实现需求和架构目标，也可以通过考察这些架构要素来衡量一个软件架构设计的优劣，判断其是否满足期望。

3.1　性能

性能是网站的一个重要指标，除非是没得选择（比如只能到 www.12306.cn 这一个网站上买火车票），否则用户无法忍受一个响应缓慢的网站。一个打开缓慢的网站会导致严重的用户流失，很多时候网站性能问题是网站架构升级优化的触发器。可以说性能是网站架构设计的一个重要方面，任何软件架构设计方案都必须考虑可能会带来的性能问题。

也正是因为性能问题几乎无处不在，所以优化网站性能的手段也非常多，从用户浏览器到数据库，影响用户请求的所有环节都可以进行性能优化。

在浏览器端，可以通过浏览器缓存、使用页面压缩、合理布局页面、减少 Cookie 传输等手段改善性能。

还可以使用 CDN，将网站静态内容分发至离用户最近的网络服务商机房，使用户通过最短访问路径获取数据。可以在网站机房部署反向代理服务器，缓存热点文件，加快请求响应速度，减轻应用服务器负载压力。

在应用服务器端，可以使用服务器本地缓存和分布式缓存，通过缓存在内存中的热点数据处理用户请求，加快请求处理过程，减轻数据库负载压力。

也可以通过异步操作将用户请求发送至消息队列等待后续任务处理，而当前请求直接返回响应给用户。

在网站有很多用户高并发请求的情况下，可以将多台应用服务器组成一个集群共同对外服务，提高整体处理能力，改善性能。

在代码层面，也可以通过使用多线程、改善内存管理等手段优化性能。

在数据库服务器端，索引、缓存、SQL 优化等性能优化手段都已经比较成熟。而方兴未艾的 NoSQL 数据库通过优化数据模型、存储结构、伸缩特性等手段在性能方面的优势也日趋明显。

衡量网站性能有一系列指标，重要的有响应时间、TPS、系统性能计数器等，通过测试这些指标以确定系统设计是否达到目标。这些指标也是网站监控的重要参数，通过监控这些指标可以分析系统瓶颈，预测网站容量，并对异常指标进行报警，保障系统可用性。

对于网站而言，性能符合预期仅仅是必要条件，因为无法预知网站可能会面临的访问压力，所以必须要考察系统在高并发访问情况下，超出负载设计能力的情况下可能会出现的性能问题。网站需要长时间持续运行，还必须保证系统在持续运行且访问压力不均匀的情况下保持稳定的性能特性。

3.2 可用性

对于大型网站而言，特别是知名网站，网站宕掉、服务不可用是一个重大的事故，轻则影响网站声誉，重则可能会摊上官司。对于电子商务类网站，网站不可用还意味着损失金钱和用户。因此几乎所有网站都承诺 7×24 可用，但事实上任何网站都不可能达到完全的 7×24 可用，总会有一些故障时间，扣除这些故障时间，就是网站的总可用时间，这个时间可以换算成网站的可用性指标，以此衡量网站的可用性，一些知名大型网站可以做到 4 个 9 以上的可用性，也就是可用性超过 99.99%。

因为网站使用的服务器硬件通常是普通的商用服务器，这些服务器的设计目标本身并不保证高可用，也就是说，很有可能会出现服务器硬件故障，也就是俗称的服务器宕机。大型网站通常都会有上万台服务器，每天都必定会有一些服务器宕机，因此网站高可用架构设计的前提是必然会出现服务器宕机，而高可用设计的目标就是当服务器宕机的时候，服务或者应用依然可用。

网站高可用的主要手段是冗余，应用部署在多台服务器上同时提供访问，数据存储在多台服务器上互相备份，任何一台服务器宕机都不会影响应用的整体可用，也不会导致数据丢失。

对于应用服务器而言，多台应用服务器通过负载均衡设备组成一个集群共同对外提供服务，任何一台服务器宕机，只需把请求切换到其他服务器就可实现应用的高可用，但是一个前提条件是应用服务器上不能保存请求的会话信息。否则服务器宕机，会话丢失，即使将用户请求转发到其他服务器上也无法完成业务处理。

对于存储服务器，由于其上存储着数据，需要对数据进行实时备份，当服务器宕机时需要将数据访问转移到可用的服务器上，并进行数据恢复以保证继续有服务器宕机的时候数据依然可用。

除了运行环境，网站的高可用还需要软件开发过程的质量保证。通过预发布验证、自动化测试、自动化发布、灰度发布等手段，减少将故障引入线上环境的可能，避免故障范围扩大。

衡量一个系统架构设计是否满足高可用的目标，就是假设系统中任何一台或者多台服务器宕机时，以及出现各种不可预期的问题时，系统整体是否依然可用。

3.3　伸缩性

大型网站需要面对大量用户的高并发访问和存储海量数据，不可能只用一台服务器就处理全部用户请求，存储全部数据。网站通过集群的方式将多台服务器组成一个整体共同提供服务。所谓伸缩性是指通过不断向集群中加入服务器的手段来缓解不断上升的用户并发访问压力和不断增长的数据存储需求。

衡量架构伸缩性的主要标准就是是否可以用多台服务器构建集群，是否容易向集群中添加新的服务器。加入新的服务器后是否可以提供和原来的服务器无差别的服务。集群中可容纳的总的服务器数量是否有限制。

对于应用服务器集群，只要服务器上不保存数据，所有服务器都是对等的，通过使用合适的负载均衡设备就可以向集群中不断加入服务器。

对于缓存服务器集群，加入新的服务器可能会导致缓存路由失效，进而导致集群中大部分缓存数据都无法访问。虽然缓存的数据可以通过数据库重新加载，但是如果应用已经严重依赖缓存，可能会导致整个网站崩溃。需要改进缓存路由算法保证缓存数据的可访问性。

关系数据库虽然支持数据复制，主从热备等机制，但是很难做到大规模集群的可伸缩性，因此关系数据库的集群伸缩性方案必须在数据库之外实现，通过路由分区等手段将部署有多个数据库的服务器组成一个集群。

至于大部分 NoSQL 数据库产品，由于其先天就是为海量数据而生，因此其对伸缩性的支持通常都非常好，可以做到在较少运维参与的情况下实现集群规模的线性伸缩。

3.4 扩展性

不同于其他架构要素主要关注非功能性需求，网站的扩展性架构直接关注网站的功能需求。网站快速发展，功能不断扩展，如何设计网站的架构使其能够快速响应需求变化，是网站可扩展架构主要的目的。

衡量网站架构扩展性好坏的主要标准就是在网站增加新的业务产品时，是否可以实现对现有产品透明无影响，不需要任何改动或者很少改动既有业务功能就可以上线新产品。不同产品之间是否很少耦合，一个产品改动对其他产品无影响，其他产品和功能不需要受牵连进行改动。

网站可扩展架构的主要手段是事件驱动架构和分布式服务。

事件驱动架构在网站通常利用消息队列实现，将用户请求和其他业务事件构造成消息发布到消息队列，消息的处理者作为消费者从消息队列中获取消息进行处理。通过这种方式将消息产生和消息处理分离开来，可以透明地增加新的消息生产者任务或者新的消息消费者任务。

分布式服务则是将业务和可复用服务分离开来，通过分布式服务框架调用。新增产品可以通过调用可复用的服务实现自身的业务逻辑，而对现有产品没有任何影响。可复用服务升级变更的时候，也可以通过提供多版本服务对应用实现透明升级，不需要强制应用同步变更。

大型网站为了保持市场地位，还会吸引第三方开发者，调用网站服务，使用网站数据开发周边产品，扩展网站业务。第三方开发者使用网站服务的主要途径是大型网站提供的开放平台接口。

3.5 安全性

互联网是开放的，任何人在任何地方都可以访问网站。网站的安全架构就是保护网站不受恶意访问和攻击，保护网站的重要数据不被窃取。

衡量网站安全架构的标准就是针对现存和潜在的各种攻击与窃密手段，是否有可靠的应对策略。

3.6　小结

性能、可用性、伸缩性、扩展性和安全性是网站架构最核心的几个要素，这几个问题解决了，大型网站架构设计的大部分挑战也就克服了。因此本书第二篇即按这五个架构要素进行组织。

本章既可以看作本书第二篇的前情提要，同时也可以当做第二篇的总结和归纳，阅读本章过程中如果有任何困惑都不必纠结，请直接跳过，等读完全书后可以再回头重新回顾。

第 2 篇

架　构

4

瞬时响应:网站的高性能
架构

什么叫高性能的网站?

两个网站性能架构设计方案:A 方案和 B 方案,A 方案在小于 100 个并发用户访问时,每个请求的响应时间是 1 秒,当并发请求达到 200 的时候,请求的响应时间将骤增到 10 秒。B 方案不管是 100 个并发用户访问还是 200 个并发用户访问,每个请求的响应时间都差不多是 1.5 秒。哪个方案的性能好?如果老板说"我们要改善网站的性能",他指的是什么?

同类型的两个网站,X 网站服务器平均每个请求的处理时间是 500 毫秒,Y 网站服务器平均每个请求的处理时间是 1000 毫秒,为什么用户却反映 Y 网站的速度快呢?

网站性能是客观的指标,可以具体体现到响应时间、吞吐量等技术指标,同时也是主观的感受,而感受则是一种与具体参与者相关的微妙的东西,用户的感受和工程师的感受不同,不同的用户感受也不同。

4.1　网站性能测试

性能测试是性能优化的前提和基础，也是性能优化结果的检查和度量标准。不同视角下的网站性能有不同的标准，也有不同的优化手段。

4.1.1　不同视角下的网站性能

软件工程师说到网站性能的时候，通常和用户说的不一样。

1．用户视角的网站性能

从用户角度，网站性能就是用户在浏览器上直观感受到的网站响应速度快还是慢。用户感受到的时间，包括用户计算机和网站服务器通信的时间、网站服务器处理的时间、用户计算机浏览器构造请求解析响应数据的时间，如图 4.1 所示。

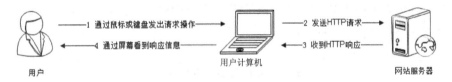

图 4.1　用户视角的网站性能

不同计算机的性能差异，不同浏览器解析 HTML 速度的差异，不同网络运营商提供的互联网宽带服务的差异，这些差异最终导致用户感受到的响应延迟可能会远远大于网站服务器处理请求需要的时间。

在实践中，使用一些前端架构优化手段，通过优化页面 HTML 式样、利用浏览器端的并发和异步特性、调整浏览器缓存策略、使用 CDN 服务、反向代理等手段，使浏览器尽快地显示用户感兴趣的内容、尽可能近地获取页面内容，即使不优化应用程序和架构，也可以很大程度地改善用户视角下的网站性能。

2．开发人员视角的网站性能

开发人员关注的主要是应用程序本身及其相关子系统的性能，包括响应延迟、系统吞吐量、并发处理能力、系统稳定性等技术指标。主要的优化手段有使用缓存加速数据读取，使用集群提高吞吐能力，使用异步消息加快请求响应及实现削峰，使用代码优化手段改善程序性能。

3. 运维人员视角的网站性能

运维人员更关注基础设施性能和资源利用率,如网络运营商的带宽能力、服务器硬件的配置、数据中心网络架构、服务器和网络带宽的资源利用率等。主要优化手段有建设优化骨干网、使用高性价比定制服务器、利用虚拟化技术优化资源利用等。

4.1.2 性能测试指标

不同视角下有不同的性能标准,不同的标准有不同的性能测试指标,从开发和测试人员的视角,网站性能测试的主要指标有响应时间、并发数、吞吐量、性能计数器等。

1. 响应时间

指应用执行一个操作需要的时间,包括从发出请求开始到收到最后响应数据所需要的时间。响应时间是系统最重要的性能指标,直观地反映了系统的"快慢"。表 4.1 列出了一些常用的系统操作需要的响应时间。

表 4.1 常用系统操作响应时间表

操　作	响应时间
打开一个网站	几秒
在数据库中查询一条记录(有索引)	十几毫秒
机械磁盘一次寻址定位	4 毫秒
从机械磁盘顺序读取 1MB 数据	2 毫秒
从 SSD 磁盘顺序读取 1MB 数据	0.3 毫秒
从远程分布式缓存 Redis 读取一个数据	0.5 毫秒
从内存中读取 1MB 数据	十几微秒
Java 程序本地方法调用	几微秒
网络传输 2KB 数据	1 微秒

(部分数据来源:http://www.eecs.berkeley.edu/~rcs/research/interactive_latency.html)

测试程序通过模拟应用程序,记录收到响应和发出请求之间的时间差来计算系统响应时间。但是记录及获取系统时间这个操作也需要花费一定的时间,如果测试目标操作本身需要花费的时间极少,比如几微秒,那么测试程序就无法测试得到系统的响应时间。

实践中通常采用的办法是重复请求，比如一个请求操作重复执行一万次，测试一万次执行需要的总响应时间之和，然后除以一万，得到单次请求的响应时间。

2．并发数

指系统能够同时处理请求的数目，这个数字也反映了系统的负载特性。对于网站而言，并发数即网站并发用户数，指同时提交请求的用户数目。

与网站并发用户数相对应的还有网站在线用户数（当前登录网站的用户总数）和网站系统用户数（可能访问系统的总用户，对多数网站而言就是注册用户数）。其数量比较关系为：

网站系统用户数>>网站在线用户数>>网站并发用户数

在网站产品设计初期，产品经理和运营人员就需要规划不同发展阶段的网站系统用户数，并以此为基础，根据产品特性和运营手段，推算在线用户数和并发用户数。这些指标将成为系统非功能设计的重要依据。

现实中，经常看到某些网站，特别是电商类网站，市场推广人员兴致勃勃地打广告打折促销，用户兴致勃勃地去抢购，结果活动刚一开始，就因为并发用户数超过网站最大负载而响应缓慢，急性子的用户不停刷新浏览器，导致系统并发数更高，最后以服务器系统崩溃，用户浏览器显示"Service is too busy"而告终。出现这种情况，有可能是网站技术准备不充分导致，也有可能是运营人员错误地评估并发用户数导致。

测试程序通过多线程模拟并发用户的办法来测试系统的并发处理能力，为了真实模拟用户行为，测试程序并不是启动多线程然后不停地发送请求，而是在两次请求之间加入一个随机等待时间，这个时间被称作思考时间。

3．吞吐量

指单位时间内系统处理的请求数量，体现系统的整体处理能力。对于网站，可以用"请求数/秒"或是"页面数/秒"来衡量，也可以用"访问人数/天"或是"处理的业务数/小时"等来衡量。TPS（每秒事务数）是吞吐量的一个常用量化指标，此外还有HPS（每秒HTTP请求数）、QPS（每秒查询数）等。

在系统并发数由小逐渐增大的过程中（这个过程也伴随着服务器系统资源消耗逐渐

增大），系统吞吐量先是逐渐增加，达到一个极限后，随着并发数的增加反而下降，达到系统崩溃点后，系统资源耗尽，吞吐量为零。

而这个过程中，响应时间则是先保持小幅上升，到达吞吐量极限后，快速上升，到达系统崩溃点后，系统失去响应。系统吞吐量、系统并发数及响应时间之间的关系将在本章后面内容中介绍。

系统吞吐量和系统并发数，以及响应时间的关系可以形象地理解为高速公路的通行状况：吞吐量是每天通过收费站的车辆数目（可以换算成收费站收取的高速费），并发数是高速公路上的正在行驶的车辆数目，响应时间是车速。车辆很少时，车速很快，但是收到的高速费也相应较少；随着高速公路上车辆数目的增多，车速略受影响，但是收到的高速费增加很快；随着车辆的继续增加，车速变得越来越慢，高速公路越来越堵，收费不增反降；如果车流量继续增加，超过某个极限后，任何偶然因素都会导致高速全部瘫痪，车走不动，费当然也收不着，而高速公路成了停车场（资源耗尽）。

网站性能优化的目的，除了改善用户体验的响应时间，还要尽量提高系统吞吐量，最大限度利用服务器资源。

4．性能计数器

它是描述服务器或操作系统性能的一些数据指标。包括 System Load、对象与线程数、内存使用、CPU 使用、磁盘与网络 I/O 等指标。这些指标也是系统监控的重要参数，对这些指标设置报警阈值，当监控系统发现性能计数器超过阈值时，就向运维和开发人员报警，及时发现处理系统异常。

System Load 即系统负载，指当前正在被 CPU 执行和等待被 CPU 执行的进程数目总和，是反映系统忙闲程度的重要指标。多核 CPU 的情况下，完美情况是所有 CPU 都在使用，没有进程在等待处理，所以 Load 的理想值是 CPU 的数目。当 Load 值低于 CPU 数目的时候，表示 CPU 有空闲，资源存在浪费；当 Load 值高于 CPU 数目的时候，表示进程在排队等待 CPU 调度，表示系统资源不足，影响应用程序的执行性能。在 Linux 系统中使用 top 命令查看，该值是三个浮点数，表示最近 1 分钟，5 分钟，15 分钟的运行队列平均进程数，如图 4.2 所示。

```
top - 16:36:49 up 1 day,  5:53,  7 users,  load average: 0.14, 0.20, 0.16
```

图 4.2　在 Linux 命令行查看系统负载

4.1.3　性能测试方法

性能测试是一个总称，具体可细分为性能测试、负载测试、压力测试、稳定性测试。

性能测试

以系统设计初期规划的性能指标为预期目标，对系统不断施加压力，验证系统在资源可接受范围内，是否能达到性能预期。

负载测试

对系统不断地增加并发请求以增加系统压力，直到系统的某项或多项性能指标达到安全临界值，如某种资源已经呈饱和状态，这时继续对系统施加压力，系统的处理能力不但不能提高，反而会下降。

压力测试

超过安全负载的情况下，对系统继续施加压力，直到系统崩溃或不能再处理任何请求，以此获得系统最大压力承受能力。

稳定性测试

被测试系统在特定硬件、软件、网络环境条件下，给系统加载一定业务压力，使系统运行一段较长时间，以此检测系统是否稳定。在不同生产环境、不同时间点的请求压力是不均匀的，呈波浪特性，因此为了更好地模拟生产环境，稳定性测试也应不均匀地对系统施加压力。

性能测试是一个不断对系统增加访问压力，以获得系统性能指标、最大负载能力、最大压力承受能力的过程。所谓的增加访问压力，在系统测试环境中，就是不断增加测试程序的并发请求数，一般说来，性能测试遵循如图 4.3 所示的抛物线规律。

图 4.3 中的横坐标表示消耗的系统资源，纵坐标表示系统处理能力（吞吐量）。在开始阶段，随着并发请求数目的增加，系统使用较少的资源就达到较好的处理能力（a～b 段），这一段是**网站的日常运行区间**，网站的绝大部分访问负载压力都集中在这一段区间，

被称作性能测试，测试目标是评估系统性能是否符合需求及设计目标；随着压力的持续增加，系统处理能力增加变缓，直到达到一个最大值（c 点），这是**系统的最大负载点**，这一段被称作负载测试。测试目标是评估当系统因为突发事件超出日常访问压力的情况下，保证系统正常运行情况下能够承受的最大访问负载压力；超过这个点后，再增加压力，系统的处理能力反而下降，而资源消耗却更多，直到资源消耗达到极限（d 点），这个点可以看作是**系统的崩溃点**，超过这个点继续加大并发请求数目，系统不能再处理任何请求，这一段被称作压力测试，测试目标是评估可能导致系统崩溃的最大访问负载压力。

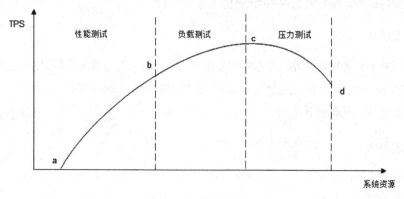

图 4.3　性能测试曲线

　　性能测试反应的是系统在实际生产环境中使用时，随着用户并发访问数量的增加，系统的处理能力。与性能曲线相对应的是用户访问的等待时间（系统响应时间），如图 4.4 所示。

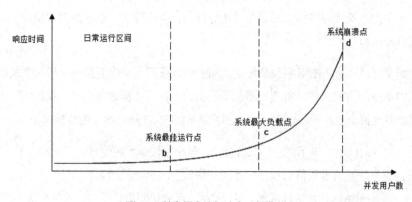

图 4.4　并发用户访问响应时间曲线

在日常运行区间，可以获得最好的用户响应时间，随着并发用户数的增加，响应延迟越来越大，直到系统崩溃，用户失去响应。

4.1.4 性能测试报告

测试结果报告应能够反映上述性能测试曲线的规律，阅读者可以得到系统性能是否满足设计目标和业务要求、系统最大负载能力、系统最大压力承受能力等重要信息，表 4.2 是一个简单示例。

表 4.2 性能测试结果报告

并 发 数	响应时间（ms）	TPS	错误率（%）	Load	内 存（GB）	备　　注
10	500	20	0	5	8	性能测试
20	800	30	0	10	10	性能测试
30	1000	40	2	15	14	性能测试
40	1200	45	20	30	16	负载测试
60	2000	30	40	50	16	压力测试
80	超时	0	100	不详	不详	压力测试

4.1.5 性能优化策略

如果性能测试结果不能满足设计或业务需求，那么就需要寻找系统瓶颈，分而治之，逐步优化。

1．性能分析

大型网站结构复杂，用户从浏览器发出请求直到数据库完成操作事务，中间需要经过很多环节，如果测试或者用户报告网站响应缓慢，存在性能问题，必须对请求经历的各个环节进行分析，排查可能出现性能瓶颈的地方，定位问题。

排查一个网站的性能瓶颈和排查一个程序的性能瓶颈的手法基本相同：检查请求处理的各个环节的日志，分析哪个环节响应时间不合理、超过预期；然后检查监控数据，分析影响性能的主要因素是内存、磁盘、网络、还是 CPU，是代码问题还是架构设计不合理，或者系统资源确实不足。

2．性能优化

定位产生性能问题的具体原因后，就需要进行性能优化，根据网站分层架构，可分为 Web 前端性能优化、应用服务器性能优化、存储服务器性能优化 3 大类。

4.2　Web 前端性能优化

一般说来 Web 前端指网站业务逻辑之前的部分，包括浏览器加载、网站视图模型、图片服务、CDN 服务等，主要优化手段有优化浏览器访问、使用反向代理、CDN 等。

4.2.1　浏览器访问优化

1．减少 http 请求

HTTP 协议是无状态的应用层协议，意味着每次 HTTP 请求都需要建立通信链路、进行数据传输，而在服务器端，每个 HTTP 都需要启动独立的线程去处理。这些通信和服务的开销都很昂贵，减少 HTTP 请求的数目可有效提高访问性能。

减少 HTTP 的主要手段是合并 CSS、合并 JavaScript、合并图片。将浏览器一次访问需要的 JavaScript、CSS 合并成一个文件，这样浏览器就只需要一次请求。图片也可以合并，多张图片合并成一张，如果每张图片都有不同的超链接，可通过 CSS 偏移响应鼠标点击操作，构造不同的 URL。

2．使用浏览器缓存

对一个网站而言，CSS、JavaScript、Logo、图标这些静态资源文件更新的频率都比较低，而这些文件又几乎是每次 HTTP 请求都需要的，如果将这些文件缓存在浏览器中，可以极好地改善性能。通过设置 HTTP 头中 Cache-Control 和 Expires 的属性，可设定浏览器缓存，缓存时间可以是数天，甚至是几个月。

在某些时候，静态资源文件变化需要及时应用到客户端浏览器，这种情况，可通过改变文件名实现，即更新 JavaScript 文件并不是更新 JavaScript 文件内容，而是生成一个新的 JS 文件并更新 HTML 文件中的引用。

使用浏览器缓存策略的网站在更新静态资源时，应采用逐量更新的方法，比如需要更新 10 个图标文件，不宜把 10 个文件一次全部更新，而是应一个文件一个文件逐步更新，并有一定的间隔时间，以免用户浏览器突然大量缓存失效，集中更新缓存，造成服务器负载骤增、网络堵塞的情况。

3．启用压缩

在服务器端对文件进行压缩，在浏览器端对文件解压缩，可有效减少通信传输的数据量。文本文件的压缩效率可达 80%以上，因此 HTML、CSS、JavaScript 文件启用 GZip 压缩可达到较好的效果。但是压缩对服务器和浏览器产生一定的压力，在通信带宽良好，而服务器资源不足的情况下要权衡考虑。

4．CSS 放在页面最上面、JavaScript 放在页面最下面

浏览器会在下载完全部 CSS 之后才对整个页面进行渲染，因此最好的做法是将 CSS 放在页面最上面，让浏览器尽快下载 CSS。JavaScript 则相反，浏览器在加载 JavaScript 后立即执行，有可能会阻塞整个页面，造成页面显示缓慢，因此 JavaScript 最好放在页面最下面。但如果页面解析时就需要用到 JavaScript，这时放在底部就不合适了。

5．减少 Cookie 传输

一方面，Cookie 包含在每次请求和响应中，太大的 Cookie 会严重影响数据传输，因此哪些数据需要写入 Cookie 需要慎重考虑，尽量减少 Cookie 中传输的数据量。另一方面，对于某些静态资源的访问，如 CSS、Script 等，发送 Cookie 没有意义，可以考虑静态资源使用独立域名访问，避免请求静态资源时发送 Cookie，减少 Cookie 传输的次数。

4.2.2　CDN 加速

CDN（Content Distribute Network，内容分发网络）的本质仍然是一个缓存，而且将数据缓存在离用户最近的地方，使用户以最快速度获取数据，即所谓网络访问第一跳，如图 4.5 所示。

由于 CDN 部署在网络运营商的机房，这些运营商又是终端用户的网络服务提供商，因此用户请求路由的第一跳就到达了 CDN 服务器，当 CDN 中存在浏览器请求的资源时，从 CDN 直接返回给浏览器，最短路径返回响应，加快用户访问速度，减少数据中心负载压力。

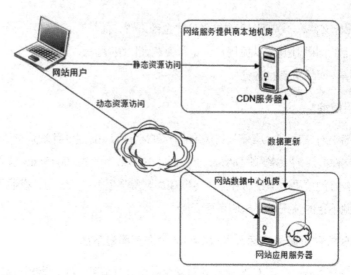

图 4.5 利用 CDN 的网站架构

CDN 能够缓存的一般是静态资源，如图片、文件、CSS、Script 脚本、静态网页等，但是这些文件访问频度很高，将其缓存在 CDN 可极大改善网页的打开速度。

4.2.3 反向代理

传统代理服务器位于浏览器一侧，代理浏览器将 HTTP 请求发送到互联网上，而反向代理服务器位于网站机房一侧，代理网站 Web 服务器接收 HTTP 请求。如图 4.6 所示。

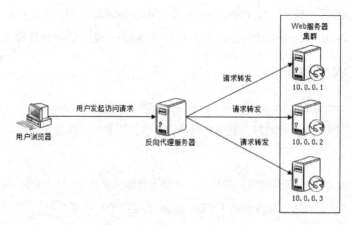

图 4.6 利用反向代理的网站架构

和传统代理服务器可以保护浏览器安全一样，反向代理服务器也具有保护网站安全的作用，来自互联网的访问请求必须经过代理服务器，相当于在 Web 服务器和可能的网络攻击之间建立了一个屏障。

除了安全功能，代理服务器也可以通过配置缓存功能加速 Web 请求。当用户第一次访问静态内容的时候，静态内容就被缓存在反向代理服务器上，这样当其他用户访问该静态内容的时候，就可以直接从反向代理服务器返回，加速 Web 请求响应速度，减轻 Web 服务器负载压力。事实上，有些网站会把动态内容也缓存在代理服务器上，比如维基百科及某些博客论坛网站，把热门词条、帖子、博客缓存在反向代理服务器上加速用户访问速度，当这些动态内容有变化时，通过内部通知机制通知反向代理缓存失效，反向代理会重新加载最新的动态内容再次缓存起来。

此外，反向代理也可以实现负载均衡的功能，而通过负载均衡构建的应用集群可以提高系统总体处理能力，进而改善网站高并发情况下的性能。

4.3　应用服务器性能优化

应用服务器就是处理网站业务的服务器，网站的业务代码都部署在这里，是网站开发最复杂、变化最多的地方，优化手段主要有缓存、集群、异步等。

4.3.1　分布式缓存

回顾网站架构演化历程，当网站遇到性能瓶颈时，第一个想到的解决方案就是使用缓存。在整个网站应用中，缓存几乎无所不在，既存在于浏览器，也存在于应用服务器和数据库服务器；既可以对数据缓存，也可以对文件缓存，还可以对页面片段缓存。合理使用缓存，对网站性能优化意义重大。

网站性能优化第一定律：优先考虑使用缓存优化性能。

---

1. 缓存的基本原理

缓存指将数据存储在相对较高访问速度的存储介质中，以供系统处理。一方面缓存访问速度快，可以减少数据访问的时间，另一方面如果缓存的数据是经过计算处理得到的，那么被缓存的数据无需重复计算即可直接使用，因此缓存还起到减少计算时间的作用。

缓存的本质是一个内存 Hash 表，网站应用中，数据缓存以一对 Key、Value 的形式存储在内存 Hash 表中。Hash 表数据读写的时间复杂度为 O（1），图 4.7 为一对 KV 在 Hash 表中的存储。

计算 KV 对中 Key 的 HashCode 对应的 Hash 表索引，可快速访问 Hash 表中的数据。许多语言支持获得任意对象的 HashCode，可以把 HashCode 理解为对象的唯一标示符，Java 语言中 Hashcode 方法包含在根对象 Object 中，其返回值是一个 Int。然后通过 Hashcode 计算 Hash 表的索引下标，最简单的是余数法，使用 Hash 表数组长度对 Hashcode 求余，余数即为 Hash 表索引，使用该索引可直接访问得到 Hash 表中存储的 KV 对。Hash 表是软件开发中常用到的一种数据结构，其设计思想在很多场景下都可以应用。

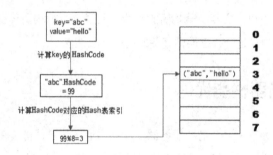

图 4.7　Hash 表存储例子

缓存主要用来存放那些读写比很高、很少变化的数据，如商品的类目信息，热门词的搜索列表信息，热门商品信息等。应用程序读取数据时，先到缓存中读取，如果读取不到或数据已失效，再访问数据库，并将数据写入缓存，如图 4.8 所示。

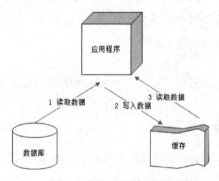

图 4.8　使用缓存存取数据

网站数据访问通常遵循二八定律，即 80%的访问落在 20%的数据上，因此利用 Hash 表和内存的高速访问特性，将这 20%的数据缓存起来，可很好地改善系统性能，提高数据读取速度，降低存储访问压力。

2．合理使用缓存

使用缓存对提高系统性能有很多好处，但是不合理使用缓存非但不能提高系统的性能，还会成为系统的累赘，甚至风险。实践中，缓存滥用的情景屡见不鲜——过分依赖低可用的缓存系统、不恰当地使用缓存的数据访问特性等。

频繁修改的数据

如果缓存中保存的是频繁修改的数据，就会出现数据写入缓存后，应用还来不及读取缓存，数据就已失效的情形，徒增系统负担。一般说来，数据的读写比在 2:1 以上，即写入一次缓存，在数据更新前至少读取两次，缓存才有意义。实践中，这个读写比通常非常高，比如新浪微博的热门微博，缓存以后可能会被读取数百万次。

没有热点的访问

缓存使用内存作为存储，内存资源宝贵而有限，不可能将所有数据都缓存起来，只能将最新访问的数据缓存起来，而将历史数据清理出缓存。如果应用系统访问数据没有热点，不遵循二八定律，即大部分数据访问并没有集中在小部分数据上，那么缓存就没有意义，因为大部分数据还没有被再次访问就已经被挤出缓存了。

数据不一致与脏读

一般会对缓存的数据设置失效时间，一旦超过失效时间，就要从数据库中重新加载。因此应用要容忍一定时间的数据不一致，如卖家已经编辑了商品属性，但是需要过一段时间才能被买家看到。在互联网应用中，这种延迟通常是可以接受的，但是具体应用仍需慎重对待。还有一种策略是数据更新时立即更新缓存，不过这也会带来更多系统开销和事务一致性的问题。

缓存可用性

缓存是为提高数据读取性能的，缓存数据丢失或者缓存不可用不会影响到应用程序的处理——它可以从数据库直接获取数据。但是随着业务的发展，缓存会承担大部分数据访问的压力，数据库已经习惯了有缓存的日子，所以当缓存服务崩溃时，数据库会因为完全不能承受如此大的压力而宕机，进而导致整个网站不可用。这种情况被称作缓存雪崩，发生这种故障，甚至不能简单地重启缓存服务器和数据库服务器来恢复网站访问。

实践中，有的网站通过缓存热备等手段提高缓存可用性：当某台缓存服务器宕机时，将缓存访问切换到热备服务器上。但是这种设计显然有违缓存的初衷，缓存根本就不应该被当做一个可靠的数据源来使用。

通过分布式缓存服务器集群，将缓存数据分布到集群多台服务器上可在一定程度上改善缓存的可用性。当一台缓存服务器宕机的时候，只有部分缓存数据丢失，重新从数据库加载这部分数据不会对数据库产生很大影响。

产品在设计之初就需要一个明确的定位：什么是产品要实现的功能，什么不是产品提供的特性。在产品漫长的生命周期中，会有形形色色的困难和诱惑来改变产品的发展方向，左右摇摆、什么都想做的产品，最后有可能成为一个失去生命力的四不像。

缓存预热

缓存中存放的是热点数据，热点数据又是缓存系统利用 LRU（最近最久未用算法）对不断访问的数据筛选淘汰出来的，这个过程需要花费较长的时间。新启动的缓存系统如果没有任何数据，在重建缓存数据的过程中，系统的性能和数据库负载都不太好，那么最好在缓存系统启动时就把热点数据加载好，这个缓存预加载手段叫作缓存预热（warm up）。对于一些元数据如城市地名列表、类目信息，可以在启动时加载数据库中全部数据到缓存进行预热。

缓存穿透

如果因为不恰当的业务、或者恶意攻击持续高并发地请求某个不存在的数据，由于缓存没有保存该数据，所有的请求都会落到数据库上，会对数据库造成很大压力，甚至崩溃。一个简单的对策是将不存在的数据也缓存起来（其 value 值为 null）。

3．分布式缓存架构

分布式缓存指缓存部署在多个服务器组成的集群中，以集群方式提供缓存服务，其架构方式有两种，一种是以 JBoss Cache 为代表的需要更新同步的分布式缓存，一种是以 Memcached 为代表的不互相通信的分布式缓存。

JBoss Cache 的分布式缓存在集群中所有服务器中保存相同的缓存数据，当某台服务器有缓存数据更新的时候，会通知集群中其他机器更新缓存数据或清除缓存数据，如图 4.9 所示。JBoss Cache 通常将应用程序和缓存部署在同一台服务器上，应用程序可从本地快速获取缓存数据，但是这种方式带来的问题是缓存数据的数量受限于单一服务器的内存空间，而且当集群规模较大的时候，缓存更新信息需要同步到集群所有机器，其代价惊人。因而这种方案更多见于企业应用系统中，而很少在大型网站使用。

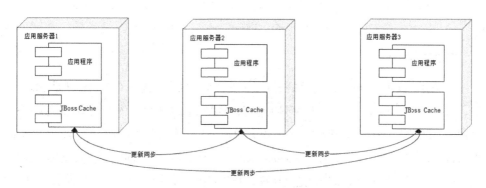

图 4.9　需要更新同步的 JBoss Cache

大型网站需要缓存的数据量一般都很庞大，可能会需要数 TB 的内存做缓存，这时候就需要另一种分布式缓存，如图 4.10 所示。Memcached 采用一种集中式的缓存集群管理，也被称作互不通信的分布式架构方式。缓存与应用分离部署，缓存系统部署在一组专门的服务器上，应用程序通过一致性 Hash 等路由算法选择缓存服务器远程访问缓存数据，缓存服务器之间不通信，缓存集群的规模可以很容易地实现扩容，具有良好的可伸缩性。

Memcached 的伸缩性设计参考本书第 6 章内容。

4．Memcached

Memcached 曾一度是网站分布式缓存的代名词，被大量网站使用。其简单的设计、优异的性能、互不通信的服务器集群、海量数据可伸缩的架构令网站架构师们趋之若鹜。

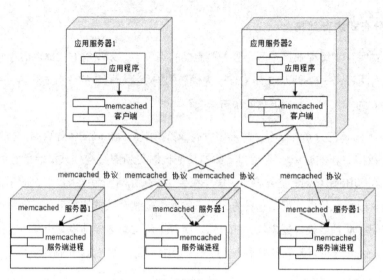

图 4.10　不互相通信的 Memcached

简单的通信协议

远程通信设计需要考虑两方面的要素，一是通信协议，即选择 TCP 协议还是 UDP 协议，抑或 HTTP 协议；一是通信序列化协议，数据传输的两端，必须使用彼此可识别的数据序列化方式才能使通信得以完成，如 XML、JSON 等文本序列化协议，或者 Google Protobuffer 等二进制序列化协议。Memcached 使用 TCP 协议（UDP 也支持）通信，其序列化协议则是一套基于文本的自定义协议，非常简单，以一个命令关键字开头，后面是一组命令操作数。例如读取一个数据的命令协议是 get <key>。Memcached 以后，许多 NoSQL 产品都借鉴了或直接支持这套协议。

丰富的客户端程序

Memcached 通信协议非常简单，只要支持该协议的客户端都可以和 Memcached 服务器通信，因此 Memcached 发展出非常丰富的客户端程序，几乎支持所有主流的网站编程语言，Java、C/C++/C#、Perl、Python、PHP、Ruby 等，因此在混合使用多种编程语言的网站，Memcached 更是如鱼得水。

高性能的网络通信

Memcached 服务端通信模块基于 Libevent，一个支持事件触发的网络通信程序库。

Libevent 的设计和实现有许多值得改善的地方，但它在稳定的长连接方面的表现却正是 Memcached 需要的。

高效的内存管理

内存管理中一个令人头痛的问题就是内存碎片管理。操作系统、虚拟机垃圾回收在这方面想了许多办法：压缩、复制等。Memcached 使用了一个非常简单的办法——固定空间分配。Memcached 将内存空间分为一组 slab，每个 slab 里又包含一组 chunk，同一个 slab 里的每个 chunk 的大小是固定的，拥有相同大小 chunk 的 slab 被组织在一起，叫作 slab_class，如图 4.11 所示。存储数据时根据数据的 Size 大小，寻找一个大于 Size 的最小 chunk 将数据写入。这种内存管理方式避免了内存碎片管理的问题，内存的分配和释放都是以 chunk 为单位的。和其他缓存一样，Memcached 采用 LRU 算法释放最近最久未被访问的数据占用的空间，释放的 chunk 被标记为未用，等待下一个合适大小数据的写入。

当然这种方式也会带来内存浪费的问题。数据只能存入一个比它大的 chunk 里，而一个 chunk 只能存一个数据，其他空间被浪费了。如果启动参数配置不合理，浪费会更加惊人，发现没有缓存多少数据，内存空间就用尽了。

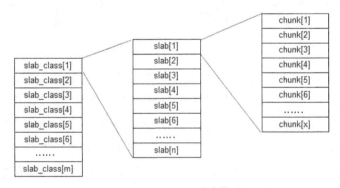

图 4.11　Memcached 内存管理

互不通信的服务器集群架构

如上所述，正是这个特性使得 Memcached 从 JBoss Cache、OSCache 等众多分布式缓存产品中脱颖而出，满足网站对海量缓存数据的需求。而其客户端路由算法一致性 Hash 更成为数据存储伸缩性架构设计的经典范式（参考本书第 6 章）。事实上，正是集群内服务器互不通信使得集群可以做到几乎无限制的线性伸缩，这也正是目前流行的许多大数据技术的基本架构特点。

虽然近些年许多 NoSQL 产品层出不穷，在数据持久化、支持复杂数据结构、甚至性能方面有许多产品优于 Memcached，但 Memcached 由于其简单、稳定、专注的特点，仍然在分布式缓存领域占据着重要地位。

4.3.2　异步操作

使用消息队列将调用异步化，可改善网站的扩展性（参考本书第 7 章内容）。事实上，使用消息队列还可改善网站系统的性能，如图 4.12 和图 4.13 所示。

图 4.12　不使用消息队列服务器

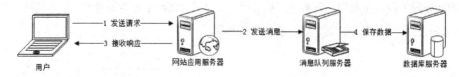

图 4.13　使用消息队列服务器

在不使用消息队列的情况下，用户的请求数据直接写入数据库，在高并发的情况下，会对数据库造成巨大的压力，同时也使得响应延迟加剧。在使用消息队列后，用户请求的数据发送给消息队列后立即返回，再由消息队列的消费者进程（通常情况下，该进程通常独立部署在专门的服务器集群上）从消息队列中获取数据，异步写入数据库。由于消息队列服务器处理速度远快于数据库（消息队列服务器也比数据库具有更好的伸缩性），因此用户的响应延迟可得到有效改善。

消息队列具有很好的削峰作用——即通过异步处理，将短时间高并发产生的事务消息存储在消息队列中，从而削平高峰期的并发事务。在电子商务网站促销活动中，合理使用消息队列，可有效抵御促销活动刚开始大量涌入的订单对系统造成的冲击，如图 4.14 所示。

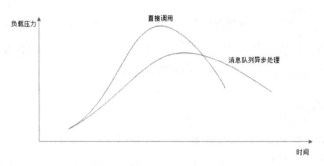

图 4.14　使用消息队列消除并发访问高峰

需要注意的是，由于数据写入消息队列后立即返回给用户，数据在后续的业务校验、写数据库等操作可能失败，因此在使用消息队列进行业务异步处理后，需要适当修改业务流程进行配合，如订单提交后，订单数据写入消息队列，不能立即返回用户订单提交成功，需要在消息队列的订单消费者进程真正处理完该订单，甚至商品出库后，再通过电子邮件或 SMS 消息通知用户订单成功，以免交易纠纷。

任何可以晚点做的事情都应该晚点再做。

4.3.3　使用集群

在网站高并发访问的场景下，使用负载均衡技术为一个应用构建一个由多台服务器组成的服务器集群，将并发访问请求分发到多台服务器上处理，避免单一服务器因负载压力过大而响应缓慢，使用户请求具有更好的响应延迟特性，如图 4.15 所示。

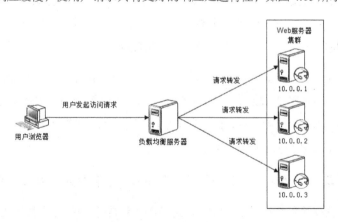

图 4.15　利用负载均衡技术改善性能

三台 Web 服务器共同处理来自用户浏览器的访问请求，这样每台 Web 服务器需要处理的 http 请求只有总并发请求数的三分之一，根据性能测试曲线，使服务器的并发请求数目控制在最佳运行区间，获得最佳的访问请求延迟。

4.3.4　代码优化

网站的业务逻辑实现代码主要部署在应用服务器上，需要处理复杂的并发事务。合理优化业务代码，可以很好地改善网站性能。不同编程语言的代码优化手段有很多，这里我们概要地关注比较重要的几个方面。

1.　多线程

多用户并发访问是网站的基本需求，大型网站的并发用户数会达到数万，单台服务器的并发用户也会达到数百。CGI 编程时代，每个用户请求都会创建一个独立的系统进程去处理。由于线程比进程更轻量，更少占有系统资源，切换代价更小，所以目前主要的 Web 应用服务器都采用多线程的方式响应并发用户请求，因此网站开发天然就是多线程编程。

从资源利用的角度看，使用多线程的原因主要有两个：IO 阻塞与多 CPU。当前线程进行 IO 处理的时候，会被阻塞释放 CPU 以等待 IO 操作完成，由于 IO 操作（不管是磁盘 IO 还是网络 IO）通常都需要较长的时间，这时 CPU 可以调度其他的线程进行处理。前面我们提到，理想的系统 Load 是既没有进程（线程）等待也没有 CPU 空闲，利用多线程 IO 阻塞与执行交替进行，可最大限度地利用 CPU 资源。使用多线程的另一个原因是服务器有多个 CPU，在这个连手机都有四核 CPU 的时代，除了最低配置的虚拟机，一般数据中心的服务器至少 16 核 CPU，要想最大限度地使用这些 CPU，必须启动多线程。

网站的应用程序一般都被 Web 服务器容器管理，用户请求的多线程也通常被 Web 服务器容器管理，但不管是 Web 容器管理的线程，还是应用程序自己创建的线程，一台服务器上启动多少线程合适呢？假设服务器上执行的都是相同类型任务，针对该类任务启动的线程数有个简化的估算公式可供参考：

启动线程数= [任务执行时间/（任务执行时间–IO 等待时间）] ×CPU 内核数

最佳启动线程数和 CPU 内核数量成正比，和 IO 等待时间成正比。如果任务都是 CPU

计算型任务，那么线程数最多不超过 CPU 内核数，因为启动再多线程，CPU 也来不及调度；相反如果是任务需要等待磁盘操作，网络响应，那么多启动线程有助于提高任务并发度，提高系统吞吐能力，改善系统性能。

多线程编程一个需要注意的问题是线程安全问题，即多线程并发对某个资源进行修改，导致数据混乱。这也是缺乏经验的网站工程师最容易犯错的地方，而线程安全 Bug 又难以测试和重现，网站故障中，许多所谓偶然发生的"灵异事件"都和多线程并发问题有关。对网站而言，不管有没有进行多线程编程，工程师写的每一行代码都会被多线程执行，因为用户请求是并发提交的，也就是说，所有的资源——对象、内存、文件、数据库，乃至另一个线程都可能被多线程并发访问。

编程上，解决线程安全的主要手段有如下几点。

将对象设计为无状态对象：所谓无状态对象是指对象本身不存储状态信息（对象无成员变量，或者成员变量也是无状态对象），这样多线程并发访问的时候就不会出现状态不一致，Java Web 开发中常用的 Servlet 对象就设计为无状态对象，可以被应用服务器多线程并发调用处理用户请求。而 Web 开发中常用的贫血模型对象都是些无状态对象。不过从面向对象设计的角度看，无状态对象是一种不良设计。

使用局部对象：即在方法内部创建对象，这些对象会被每个进入该方法的线程创建，除非程序有意识地将这些对象传递给其他线程，否则不会出现对象被多线程并发访问的情形。

并发访问资源时使用锁：即多线程访问资源的时候，通过锁的方式使多线程并发操作转化为顺序操作，从而避免资源被并发修改。随着操作系统和编程语言的进步，出现各种轻量级锁，使得运行期线程获取锁和释放锁的代价都变得更小，但是锁导致线程同步顺序执行，可能会对系统性能产生严重影响。

2．资源复用

系统运行时，要尽量减少那些开销很大的系统资源的创建和销毁，比如数据库连接、网络通信连接、线程、复杂对象等。从编程角度，资源复用主要有两种模式：单例（Singleton）和对象池（Object Pool）。

单例虽然是 GoF 经典设计模式中较多被诟病的一个模式，但由于目前 Web 开发中主要使用贫血模式，从 Service 到 Dao 都是些无状态对象，无需重复创建，使用单例模式也就自然而然了。事实上，Java 开发常用的对象容器 Spring 默认构造的对象都是单例（需要注意的是 Spring 的单例是 Spring 容器管理的单例，而不是用单例模式构造的单例）。

对象池模式通过复用对象实例，减少对象创建和资源消耗。对于数据库连接对象，每次创建连接，数据库服务端都需要创建专门的资源以应对，因此频繁创建关闭数据库连接，对数据库服务器而言是灾难性的，同时频繁创建关闭连接也需要花费较长的时间。因此在实践中，应用程序的数据库连接基本都使用连接池（Connection Pool）的方式。数据库连接对象创建好以后，将连接对象放入对象池容器中，应用程序要连接的时候，就从对象池中获取一个空闲的连接使用，使用完毕再将该对象归还到对象池中即可，不需要创建新的连接。

前面说过，对于每个 Web 请求（HTTP Request），Web 应用服务器都需要创建一个独立的线程去处理，这方面，应用服务器也采用线程池（Thread Pool）的方式。这些所谓的连接池、线程池，本质上都是对象池，即连接、线程都是对象，池管理方式也基本相同。

3. 数据结构

早期关于程序的一个定义是，程序就是数据结构+算法，数据结构对于编程的重要性不言而喻。在不同场景中合理使用恰当的数据结构，灵活组合各种数据结构改善数据读写和计算特性可极大优化程序的性能。

前面缓存部分已经描述过 Hash 表的基本原理，Hash 表的读写性能在很大程度上依赖 HashCode 的随机性，即 HashCode 越随机散列，Hash 表的冲突就越少，读写性能也就越高，目前比较好的字符串 Hash 散列算法有 Time33 算法，即对字符串逐字符迭代乘以 33，求得 Hash 值，算法原型为：

```
hash(i) = hash(i-1) * 33 + str[i]
```

Time33 虽然可以较好地解决冲突，但是有可能相似字符串的 HashCode 也比较接近，如字符串"AA"的 HashCode 是 2210，字符串"AB"的 HashCode 是 2211。这在某些应用场景是不能接受的，这种情况下，一个可行的方案是对字符串取信息指纹，再对信息指纹求 HashCode，由于字符串微小的变化就可以引起信息指纹的巨大不同，因此可以获得较好的随机散列，如图 4.16 所示。

图 4.16　通过 MD5 计算 HashCode

4. 垃圾回收

如果 Web 应用运行在 JVM 等具有垃圾回收功能的环境中，那么垃圾回收可能会对系统的性能特性产生巨大影响。理解垃圾回收机制有助于程序优化和参数调优，以及编写内存安全的代码。

以 JVM 为例，其内存主要可划分为堆（heap）和堆栈（stack）。堆栈用于存储线程上下文信息，如方法参数、局部变量等。堆则是存储对象的内存空间，对象的创建和释放、垃圾回收就在这里进行。通过对对象生命周期的观察，发现大部分对象的生命周期都极其短暂，这部分对象产生的垃圾应该被更快地收集，以释放内存，这就是 JVM 分代垃圾回收，其基本原理如图 4.17 所示。

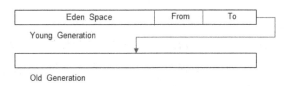

图 4.17　JVM 分代垃圾回收机制

在 JVM 分代垃圾回收机制中，将应用程序可用的堆空间分为年轻代（Young Generation）和年老代（Old Generation），又将年轻代分为 Eden 区（Eden Space）、From 区和 To 区，新建对象总是在 Eden 区中被创建，当 Eden 区空间已满，就触发一次 Young GC（Garbage Collection，垃圾回收），将还被使用的对象复制到 From 区，这样整个 Eden 区都是未被使用的空间，可供继续创建对象，当 Eden 区再次用完，再触发一次 Young GC，将 Eden 区和 From 区还在被使用的对象复制到 To 区，下一次 Young GC 则是将 Eden 区和 To 区还被使用的对象复制到 From 区。因此，经过多次 Young GC，某些对象会在 From 区和 To 区多次复制，如果超过某个阈值对象还未被释放，则将该对象复制到 Old Generation。如果 Old Generation 空间也已用完，那么就会触发 Full GC，即所谓的全量回收，全量回收会对系统性能产生较大影响，因此应根据系统业务特点和对象生命周期，合理设置 Young Generation 和 Old Generation 大小，尽量减少 Full GC。事实上，某些 Web 应用在整个运行期间可以做到从不进行 Full GC。

4.4 存储性能优化

在网站应用中，海量的数据读写对磁盘访问造成巨大压力，虽然可以通过 Cache 解决一部分数据读压力，但是很多时候，磁盘仍然是系统最严重的瓶颈。而且磁盘中存储的数据是网站最重要的资产，磁盘的可用性和容错性也至关重要。

4.4.1 机械硬盘 vs. 固态硬盘

机械硬盘是目前最常用的一种硬盘，通过马达驱动磁头臂，带动磁头到指定的磁盘位置访问数据，由于每次访问数据都需要移动磁头臂，因此机械硬盘在数据连续访问（要访问的数据存储在连续的磁盘空间上）和随机访问（要访问的数据存储在不连续的磁盘空间）时，由于移动磁头臂的次数相差巨大，性能表现差别也非常大。机械硬盘结构如图 4.18 所示。

固态硬盘又称作 SSD 或 Flash 硬盘，这种硬盘没有机械装置，数据存储在可持久记忆的硅晶体上，因此可以像内存一样快速随机访问。而且 SSD 具有更小的功耗和更少的磁盘震动与噪声。SSD 硬盘如图 4.19 所示。

图 4.18　机械硬盘结构图（图片来自互联网）

图 4.19　SSD 硬盘（图片来自互联网）

在网站应用中，大部分应用访问数据都是随机的，这种情况下 SSD 具有更好的性能表现。但是目前 SSD 硬盘还不太成熟，可靠性、性价比有待提升，因此 SSD 的使用还在摸索阶段。但是相信随着 SSD 工艺水平的提高，逐步替代传统机械硬盘是迟早的事。

4.4.2　B+树 vs. LSM 树

本书前面提到，由于传统的机械磁盘具有快速顺序读写、慢速随机读写的访问特性，这个特性对磁盘存储结构和算法的选择影响甚大。

为了改善数据访问特性，文件系统或数据库系统通常会对数据排序后存储，加快数据检索速度，这就需要保证数据在不断更新、插入、删除后依然有序，传统关系数据库的做法是使用 B+树，如图 4.20 所示。

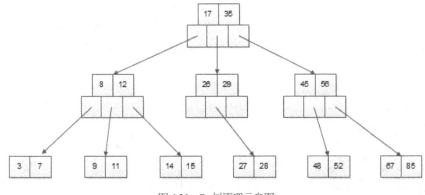

图 4.20　B+树原理示意图

B+树是一种专门针对磁盘存储而优化的 N 叉排序树,以树节点为单位存储在磁盘中,从根开始查找所需数据所在的节点编号和磁盘位置,将其加载到内存中然后继续查找,直到找到所需的数据。

目前数据库多采用两级索引的 B+树,树的层次最多三层。因此可能需要 5 次磁盘访问才能更新一条记录(三次磁盘访问获得数据索引及行 ID,然后再进行一次数据文件读操作及一次数据文件写操作)。

但是由于每次磁盘访问都是随机的,而传统机械硬盘在数据随机访问时性能较差,每次数据访问都需要多次访问磁盘影响数据访问性能。

目前许多 NoSQL 产品采用 LSM 树作为主要数据结构,如图 4.21 所示。

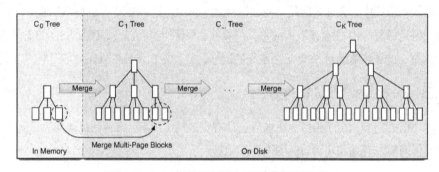

图 4.21　LSM 树原理示意图(图片来源互联网)

LSM 树可以看作是一个 N 阶合并树。数据写操作(包括插入、修改、删除)都在内存中进行,并且都会创建一个新记录(修改会记录新的数据值,而删除会记录一个删除标志),这些数据在内存中仍然还是一棵排序树,当数据量超过设定的内存阈值后,会将这棵排序树和磁盘上最新的排序树合并。当这棵排序树的数据量也超过设定阈值后,和磁盘上下一级的排序树合并。合并过程中,会用最新更新的数据覆盖旧的数据(或者记录为不同版本)。

在需要进行读操作时,总是从内存中的排序树开始搜索,如果没有找到,就从磁盘上的排序树顺序查找。

在 LSM 树上进行一次数据更新不需要磁盘访问,在内存即可完成,速度远快于 B+树。当数据访问以写操作为主,而读操作则集中在最近写入的数据上时,使用 LSM 树可以极大程度地减少磁盘的访问次数，加快访问速度。

　　作为存储结构，B+树不是关系数据库所独有的，NoSQL 数据库也可以使用 B+树。同理，关系数据库也可以使用 LSM，而且随着 SSD 硬盘的日趋成熟及大容量持久存储的内存技术的出现，相信 B+树这一"古老"的存储结构会再次焕发青春。

4.4.3　RAID vs. HDFS

　　RAID（廉价磁盘冗余阵列）技术主要是为了改善磁盘的访问延迟，增强磁盘的可用性和容错能力。目前服务器级别的计算机都支持插入多块磁盘（8 块或者更多），通过使用 RAID 技术，实现数据在多块磁盘上的并发读写和数据备份。

　　常用 RAID 技术有以下几种，如图 4.22 所示。

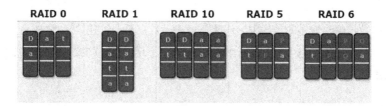

图 4.22　常用 RAID 技术原理图

假设服务器有 N 块磁盘。

RAID0

　　数据在从内存缓冲区写入磁盘时，根据磁盘数量将数据分成 N 份，这些数据同时并发写入 N 块磁盘，使得数据整体写入速度是一块磁盘的 N 倍。读取时也一样，因此 RAID0 具有极快的数据读写速度，但是 RAID0 不做数据备份，N 块磁盘中只要有一块损坏，数据完整性就被破坏，所有磁盘的数据都会损坏。

RAID1

　　数据在写入磁盘时，将一份数据同时写入两块磁盘，这样任何一块磁盘损坏都不会导致数据丢失，插入一块新磁盘就可以通过复制数据的方式自动修复，具有极高的可靠性。

RAID10

　　结合 RAID0 和 RAID1 两种方案，将所有磁盘平均分成两份，数据同时在两份磁盘写入，相当于 RAID1，但是在每一份磁盘里面的 $N/2$ 块磁盘上，利用 RAID0 技术并发读写，既提高可靠性又改善性能，不过 RAID10 的磁盘利用率较低，有一半的磁盘用来写备份数据。

RAID3

一般情况下，一台服务器上不会出现同时损坏两块磁盘的情况，在只损坏一块磁盘的情况下，如果能利用其他磁盘的数据恢复损坏磁盘的数据，这样在保证可靠性和性能的同时，磁盘利用率也得到大幅提升。

在数据写入磁盘的时候，将数据分成 $N-1$ 份，并发写入 $N-1$ 块磁盘，并在第 N 块磁盘记录校验数据，任何一块磁盘损坏（包括校验数据磁盘），都可以利用其他 $N-1$ 块磁盘的数据修复。

但是在数据修改较多的场景中，修改任何磁盘数据都会导致第 N 块磁盘重写校验数据，频繁写入的后果是第 N 块磁盘比其他磁盘容易损坏，需要频繁更换，所以 RAID3 很少在实践中使用。

RAID5

相比 RAID3，方案 RAID5 被更多地使用。

RAID5 和 RAID3 很相似，但是校验数据不是写入第 N 块磁盘，而是螺旋式地写入所有磁盘中。这样校验数据的修改也被平均到所有磁盘上，避免 RAID3 频繁写坏一块磁盘的情况。

RAID6

如果数据需要很高的可靠性，在出现同时损坏两块磁盘的情况下（或者运维管理水平比较落后，坏了一块磁盘但是迟迟没有更换，导致又坏了一块磁盘），仍然需要修复数据，这时候可以使用 RAID6。

RAID6 和 RAID5 类似，但是数据只写入 $N-2$ 块磁盘，并螺旋式地在两块磁盘中写入校验信息（使用不同算法生成）。

在相同磁盘数目（N）的情况下，各种 RAID 技术的比较如表 4.3 所示。

表 4.3　几种 RAID 技术比较

RAID 类型	访问速度	数据可靠性	磁盘利用率
RAID0	很快	很低	100%
RAID1	很慢	很高	50%
RAID10	中等	很高	50%
RAID5	较快	较高	$(N-1)/N$
RAID6	较快	较（RAID5）高	$(N-2)/N$

　　RAID 技术可以通过硬件实现，比如专用的 RAID 卡或者主板直接支持，也可以通过软件实现。RAID 技术在传统关系数据库及文件系统中应用比较广泛，但是在大型网站比较喜欢使用的 NoSQL，以及分布式文件系统中，RAID 技术却遭到冷落。

　　例如在 HDFS（Hadoop 分布式文件系统）中，系统在整个存储集群的多台服务器上进行数据并发读写和备份，可以看作在服务器集群规模上实现了类似 RAID 的功能，因此不需要磁盘 RAID。

　　HDFS 以块（Block）为单位管理文件内容，一个文件被分割成若干个 Block，当应用程序写文件时，每写完一个 Block，HDFS 就将其自动复制到另外两台机器上，保证每个 Block 有三个副本，即使有两台服务器宕机，数据依然可以访问，相当于实现了 RAID1 的数据复制功能。

　　当对文件进行处理计算时，通过 MapReduce 并发计算任务框架，可以启动多个计算子任务（MapReduce Task），同时读取文件的多个 Block，并发处理，相当于实现了 RAID0 的并发访问功能。

　　HDFS 架构如图 4.23 所示。

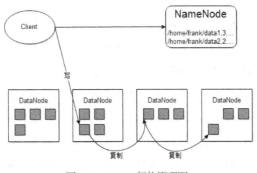

图 4.23　HDFS 架构原理图

在 HDFS 中有两种重要的服务器角色：NameNode（名字服务节点）和 DataNode（数据存储节点）。NameNode 在整个 HDFS 中只部署一个实例，提供元数据服务，相当于操作系统中的文件分配表（FAT），管理文件名 Block 的分配，维护整个文件系统的目录树结构。DataNode 则部署在 HDFS 集群中其他所有服务器上，提供真正的数据存储服务。

和操作系统一样，HDFS 对数据存储空间的管理以数据块（Block）为单位，只是比操作系统中的数据块（512 字节）要大得多，默认为 64MB。HDFS 将 DataNode 上的磁盘空间分成 N 个这样的块，供应用程序使用。

应用程序（Client）需要写文件时，首先访问 NameNode，请求分配数据块，NameNode 根据管理的 DataNode 服务器的磁盘空间，按照一定的负载均衡策略，分配若干数据块供 Client 使用。

当 Client 写完一个数据块时，HDFS 会将这个数据块再复制两份存储在其他 DataNode 服务器上，HDFS 默认同一份数据有三个副本，保证数据可靠性。因此在 HDFS 中，即使 DataNode 服务器有多块磁盘，也不需要使用 RAID 进行数据备份，而是在整个集群上进行数据复制，而且系统一旦发现某台服务器宕机，会自动利用其他机器上的数据将这台服务器上存储的数据块自动再备份一份，从而获得更高的数据可靠性。

HDFS 配合 MapReduce 等并行计算框架进行大数据处理时，可以在整个集群上并发读写访问所有的磁盘，无需 RAID 支持。

4.5 小结

网站性能优化技术是在网站性能遇到问题时的解决方案。而网站的性能问题很多是在用户高并发访问时产生的，所以网站性能优化的主要工作是改善高并发用户访问情况下的网站响应速度。本章开篇所举的例子，当老板说"我们要改善网站性能"的时候，他期望的是在 A 方案的基础上，不管是 100 个并发访问还是 200 个并发访问，响应时间都能达到 1 秒。而架构师能做到的，则是利用分布式的方案改善网站并发特性，由于分布式不可避免地会带来架构复杂、网络通信延迟等问题，所以最终设计出来的可能是 B 方案：缩短高并发访问响应延迟的同时，却延长了原来低并发访问时的响应延迟。架构师对这种可能性要心中有数，合理调整相关各方对性能优化的心理预期。

网站性能对最终用户而言是一种主观感受，性能优化的最终目的就是改善用户的体验，使他们感觉网站很快。离开这个目的，追求技术上的所谓高性能，是舍本逐末，没有多大意义。而用户体验的快或是慢，可以通过技术手段改善，也可以通过优化交互体验改善。

即使在技术层面，性能优化也需要全面考虑，综合权衡：性能提升一倍，但服务器数量也需要增加一倍；或者响应时间缩短，同时数据一致性也下降，这样的优化是否可以接受？这类问题的答案不是技术团队能回答的。归根结底，技术是为业务服务的，技术选型和架构决策依赖业务规划乃至企业战略规划，离开业务发展的支撑和驱动，技术走不远，甚至还会迷路。

前沿技术总是出现在前沿业务领域。近几年，以 Google 为首的互联网企业领跑 IT 前沿技术潮流，是因为互联网企业的业务发展远超传统 IT 企业领域，面临更多挑战，对 IT 系统提出了更高的要求。

新技术的出现又会驱动企业开展新的业务。亚马逊等互联网公司利用自己的技术优势进军企业级市场，以技术驱动业务，开展云计算、SaaS 等新兴 IT 业务，逐步蚕食 IBM、HP、Oracle、微软等传统软件巨头的市场。

5

万无一失：网站的高可用架构

2011 年 4 月 12 日，亚马逊云计算服务 EC2（Elastic Computer Cloud）发生故障，其 ESB（Elastic Block Storage）服务不可用，故障持续了数天，最终还是有部分数据未能恢复。这一故障导致美国许多使用亚马逊云服务的知名网站（如：Foursquare，Quora）受到影响，并引发了人们对使用云计算安全性、可靠性的大规模讨论。

2010 年 1 月 12 日，百度被黑客攻击，其 DNS 域名被劫持，导致百度全站长达数小时不可访问。该事件一时成为新闻焦点，各种媒体争相报道。

网站的可用性（Availability）描述网站可有效访问的特性（不同于另一个网站运营指标：Usability，通常也被译作可用性，但是后者强调的是网站的有用性，即对最终用户的使用价值），相比于网站的其他非功能特性，网站的可用性更牵动人们的神经，大型网站的不可用事故直接影响公司形象和利益，许多互联网公司都将网站可用性列入工程师的绩效考核，与奖金升迁等利益挂钩。

5.1　网站可用性的度量与考核

网站的页面能完整呈现在最终用户面前，需要经过很多个环节，任何一个环节出了问题，都可能导致网站页面不可访问。DNS 会被劫持、CDN 服务可能会挂掉、网站服务器可能会宕机、网络交换机可能会失效、硬盘会损坏、网卡会松掉、甚至机房会停电、空调会失灵、程序会有 Bug、黑客会攻击、促销会引来大量访问、第三方合作伙伴的服务会不可用……要保证一个网站永远完全可用几乎是一件不可能完成的使命。

5.1.1　网站可用性度量

网站不可用也被称作网站故障，业界通常用多少个 9 来衡量网站的可用性，如 QQ 的可用性是 4 个 9，即 QQ 服务 99.99%可用，这意味着 QQ 服务要保证其在所有运行时间中，只有 0.01% 的时间不可用，也就是一年中大约最多 53 分钟不可用。

网站不可用时间（故障时间）＝故障修复时间点–故障发现（报告）时间点

网站年度可用性指标＝（1–网站不可用时间/年度总时间）×100%

对于大多数网站而言，2 个 9 是基本可用，网站年度不可用时间小于 88 小时；3 个 9 是较高可用，网站年度不可用时间小于 9 小时；4 个 9 是具有自动恢复能力的高可用，网站年度不可用时间小于 53 分钟；5 个 9 是极高可用性，网站年度不可用时间小于 5 分钟。

由于可用性影响因素很多，对于网站整体而言，达到 4 个 9，乃至 5 个 9 的可用性，除了过硬的技术、大量的设备资金投入和工程师的责任心，还要有个好运气。

常使用 Twitter 的用户或多或少遇到过那个著名的服务不可用的鲸鱼页面，事实上，Twitter 网站的可用性不足 2 个 9。

5.1.2　网站可用性考核

可用性指标是网站架构设计的重要指标，对外是服务承诺，对内是考核指标。从管理层面，可用性指标是网站或者产品的整体考核指标，具体到每个工程师的考核，更多的是使用故障分。

所谓故障分是指对网站故障进行分类加权计算故障责任的方法。表 5.1 为某网站故障分类权重表。

表 5.1　网站故障分类权重表示例

分　　类	描　　述	权　　重
事故级故障	严重故障，网站整体不可用	100
A 类故障	网站访问不顺畅或核心功能不可用	20
B 类故障	非核心功能不可用，或核心功能少数用户不可用	5
C 类故障	以上故障以外的其他故障	1

故障分的计算公式为：

$$故障分＝故障时间（分钟）\times 故障权重$$

在年初或者考核季度的开始，会根据网站产品的可用性指标计算总的故障分，然后根据团队和个人的职责角色分摊故障分，这个可用性指标和故障分是管理预期。在实际发生故障的时候，根据故障分类和责任划分将故障产生的故障分分配给责任者承担。等年末或者考核季度末的时候，个人及团队实际承担的故障分如果超过了年初分摊的故障分，绩效考核就会受到影响。

一个简化的故障处理流程如图 5.1 所示。

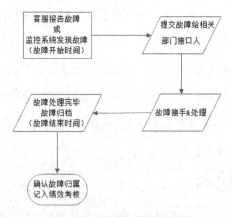

图 5.1　网站故障处理流程示例

有时候一个故障责任可能由多个部门或团队来承担，故障分也会相应按责任分摊到不同的团队和个人。

不同于其他架构指标，网站可用性更加看得见摸得着，跟技术、运营、相关各方的绩效考核息息相关，因此在架构设计与评审会议上，关于系统可用性的讨论与争执总是最花费时间与精力的部分。

当然，不同的公司有不同的企业文化和市场策略，这些因素也会影响到系统可用性的架构决策，崇尚创新和风险的企业会对可用性要求稍低一些；业务快速增长的网站忙于应对指数级增长的用户，也会降低可用性的标准；服务于收费用户的网站则会比服务于免费用户的网站对可用性更加敏感，服务不可用或关键用户数据丢失可能会导致收费用户的投诉甚至引来官司。

5.2　高可用的网站架构

通常企业级应用系统为提高系统可用性，会采用较昂贵的软硬件设备，如 IBM 的小型机乃至中型机大型机及专有操作系统、Oracle 数据库、EMC 存储设备等。互联网公司更多地采用 PC 级服务器、开源的数据库和操作系统，这些廉价的设备在节约成本的同时也降低了可用性，特别是服务器硬件设备，低价的商业级服务器一年宕机一次是一个大概率事件，而那些高强度频繁读写的普通硬盘，损坏的概率则要更高一些。

既然硬件故障是常态，网站的高可用架构设计的主要目的就是保证服务器硬件故障时服务依然可用、数据依然保存并能够被访问。

实现上述高可用架构的主要手段是数据和服务的冗余备份及失效转移，一旦某些服务器宕机，就将服务切换到其他可用的服务器上，如果磁盘损坏，则从备份的磁盘读取数据。

一个典型的网站设计通常遵循如图 5.2 所示的基本分层架构模型。

图 5.2　网站架构基本分层模型

典型的分层模型是三层，即应用层、服务层、数据层；各层之间具有相对独立性，应用层主要负责具体业务逻辑处理；服务层负责提供可复用的服务；数据层负责数据的存储与访问。中小型网站在具体部署时，通常将应用层和服务层部署在一起，而数据层则另外部署，如图 5.3 所示（事实上，这也是网站架构演化的第一步）。

用户浏览器　　　　　　应用服务器　　　　　　数据库服务器
　　　　　　　　　　（应用层&服务层）　　　　　（数据层）

图 5.3　应用和数据分离部署的网站架构

在复杂的大型网站架构中，划分的粒度会更小、更详细，结构更加复杂，服务器规模更加庞大，但通常还是能够把这些服务器划分到这三层中。如图 5.4 所示。

图 5.4　分层后按模块分割的网站架构模型

不同的业务产品会部署在不同的服务器集群上，如某网站的文库、贴吧、百科等属于不同的产品，部署在各自独立的服务器集群上，互不相干。这些产品又会依赖一些共同的复用业务，如注册登录服务、Session 管理服务、账户管理服务等，这些可复用的业务服务也各自部署在独立的服务器集群上。至于数据层，数据库服务、文件服务、缓存服务、搜索服务等数据存储与访问服务都部署在各自独立的服务器集群上。

大型网站的分层架构及物理服务器的分布式部署使得位于不同层次的服务器具有不同的可用性特点。关闭服务或者服务器宕机时产生的影响也不相同，高可用的解决方案也差异甚大。

位于应用层的服务器通常为了应对高并发的访问请求，会通过负载均衡设备将一组服务器组成一个集群共同对外提供服务，当负载均衡设备通过心跳检测等手段监控到某台应用服务器不可用时，就将其从集群列表中剔除，并将请求分发到集群中其他可用的服务器上，使整个集群保持可用，从而实现应用高可用。

位于服务层的服务器情况和应用层的服务器类似，也是通过集群方式实现高可用，只是这些服务器被应用层通过分布式服务调用框架访问，分布式服务调用框架会在应用层客户端程序中实现软件负载均衡，并通过服务注册中心对提供服务的服务器进行心跳检测，发现有服务不可用，立即通知客户端程序修改服务访问列表，剔除不可用的服务器。

位于数据层的服务器情况比较特殊，数据服务器上存储着数据，为了保证服务器宕机时数据不丢失，数据访问服务不中断，需要在数据写入时进行数据同步复制，将数据写入多台服务器上，实现数据冗余备份。当数据服务器宕机时，应用程序将访问切换到有备份数据的服务器上。

网站升级的频率一般都非常高，大型网站一周发布一次，中小型网站一天发布几次。每次网站发布都需要关闭服务，重新部署系统，整个过程相当于服务器宕机。因此网站的可用性架构设计不但要考虑实际的硬件故障引起的宕机，还要考虑网站升级发布引起的宕机，而后者更加频繁，不能因为系统可以接受偶尔的停机故障就降低可用性设计的标准。

5.3 高可用的应用

应用层主要处理网站应用的业务逻辑，因此有时也称作业务逻辑层，应用的一个显著特点是应用的无状态性。

所谓无状态的应用是指应用服务器不保存业务的上下文信息，而仅根据每次请求提交的数据进行相应的业务逻辑处理，多个服务实例（服务器）之间完全对等，请求提交到任意服务器，处理结果都是完全一样的。

5.3.1 通过负载均衡进行无状态服务的失效转移

不保存状态的应用给高可用的架构设计带来了巨大便利，既然服务器不保存请求的状态，那么所有的服务器完全对等，当任意一台或多台服务器宕机，请求提交给集群中其他任意一台可用机器处理，这样对终端用户而言，请求总是能够成功的，整个系统依然可用。对于应用服务器集群，实现这种服务器可用状态实时监测、自动转移失败任务的机制是负载均衡。

负载均衡，顾名思义，主要使用在业务量和数据量较高的情况下，当单台服务器不足以承担所有的负载压力时，通过负载均衡手段，将流量和数据分摊到一个集群组成的多台服务器上，以提高整体的负载处理能力。目前，不管是开源免费的负载均衡软件还是昂贵的负载均衡硬件，都提供失效转移功能。在网站应用中，当集群中的服务是无状态对等时，负载均衡可以起到事实上高可用的作用，如图 5.5 所示。

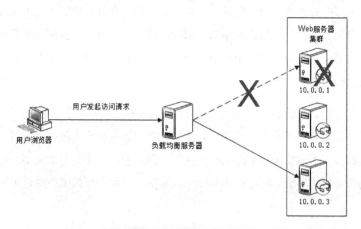

图 5.5　利用负载均衡服务器实现高可用的应用服务

当 Web 服务器集群中的服务器都可用时，负载均衡服务器会把用户发送的访问请求分发到任意一台服务器上进行处理，而当服务器 10.0.0.1 宕机时，负载均衡服务器通过心跳检测机制发现该服务器失去响应，就会把它从服务器列表中删除，而将请求发送到其他服务器上，这些服务器是完全一样的，请求在任何一台服务器中处理都不会影响最终的结果。

由于负载均衡在应用层实际上起到了系统高可用的作用，因此即使某个应用访问量非常少，只用一台服务器提供服务就绰绰有余，但如果需要保证该服务高可用，也必须至少部署两台服务器，使用负载均衡技术构建一个小型的集群。

5.3.2 应用服务器集群的 Session 管理

应用服务器的高可用架构设计主要基于服务无状态这一特性，但是事实上，业务总是有状态的，在交易类的电子商务网站，需要有购物车记录用户的购买信息，用户每次购买请求都是向购物车中增加商品；在社交类的网站中，需要记录用户的当前登录状态、最新发布的消息及好友状态等，用户每次刷新页面都需要更新这些信息。

Web 应用中将这些多次请求修改使用的上下文对象称作会话（Session），单机情况下，Session 可由部署在服务器上的 Web 容器（如 JBoss）管理。在使用负载均衡的集群环境中，由于负载均衡服务器可能会将请求分发到集群任何一台应用服务器上，所以保证每次请求依然能够获得正确的 Session 比单机时要复杂很多。

集群环境下，Session 管理主要有以下几种手段。

1. Session 复制

Session 复制是早期企业应用系统使用较多的一种服务器集群 Session 管理机制。应用服务器开启 Web 容器的 Session 复制功能，在集群中的几台服务器之间同步 Session 对象，使得每台服务器上都保存所有用户的 Session 信息，这样任何一台机器宕机都不会导致 Session 数据的丢失，而服务器使用 Session 时，也只需要在本机获取即可。如图 5.6 所示。

这种方案虽然简单，从本机读取 Session 信息也很快速，但只能使用在集群规模比较小的情况下。当集群规模较大时，集群服务器间需要大量的通信进行 Session 复制，占用服务器和网络的大量资源，系统不堪负担。而且由于所有用户的 Session 信息在每台服务器上都有备份，在大量用户访问的情况下，甚至会出现服务器内存不够 Session 使用的情况。

而大型网站的核心应用集群就是数千台服务器，同时在线用户可达千万，因此并不适用这种方案。

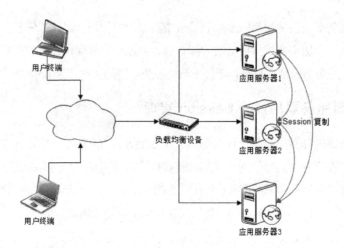

图 5.6   使用 Session 复制实现应用服务器共享 Session

2. Session 绑定

Session 绑定可以利用负载均衡的源地址 Hash 算法实现，负载均衡服务器总是将来源于同一 IP 的请求分发到同一台服务器上（也可以根据 Cookie 信息将同一个用户的请求总是分发到同一台服务器上，当然这时负载均衡服务器必须工作在 HTTP 协议层上，关于负载均衡算法的更多信息请参考本书第 6 章内容。这样在整个会话期间，用户所有的请求都在同一台服务器上处理，即 Session 绑定在某台特定服务器上，保证 Session 总能在这台服务器上获取。这种方法又被称作会话黏滞，如图 5.7 所示。

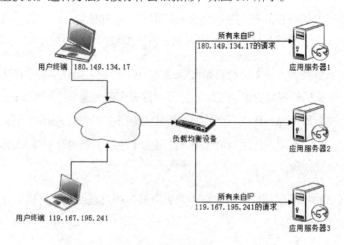

图 5.7   利用负载均衡的会话黏滞机制将请求绑定到特定服务器

但是 Session 绑定的方案显然不符合我们对系统高可用的需求，因为一旦某台服务器宕机，那么该机器上的 Session 也就不复存在了，用户请求切换到其他机器后因为没有 Session 而无法完成业务处理。因此虽然大部分负载均衡服务器都提供源地址负载均衡算法，但很少有网站利用这个算法进行 Session 管理。

3. 利用 Cookie 记录 Session

早期的企业应用系统使用 C/S（客户端/服务器）架构，一种管理 Session 的方式是将 Session 记录在客户端，每次请求服务器的时候，将 Session 放在请求中发送给服务器，服务器处理完请求后再将修改过的 Session 响应给客户端。

网站没有客户端，但是可以利用浏览器支持的 Cookie 记录 Session，如图 5.8 所示。

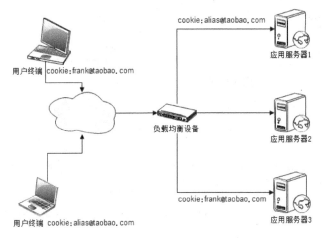

图 5.8　利用 Cookie 记录 Session 信息

利用 Cookie 记录 Session 也有一些缺点，比如受 Cookie 大小限制，能记录的信息有限；每次请求响应都需要传输 Cookie，影响性能；如果用户关闭 Cookie，访问就会不正常。但是由于 Cookie 的简单易用，可用性高，支持应用服务器的线性伸缩，而大部分应用需要记录的 Session 信息又比较小。因此事实上，许多网站都或多或少地使用 Cookie 记录 Session。

4. Session 服务器

那么有没有可用性高、伸缩性好、性能也不错，对信息大小又没有限制的服务器集群 Session 管理方案呢?

答案就是 Session 服务器。利用独立部署的 Session 服务器（集群）统一管理 Session,应用服务器每次读写 Session 时,都访问 Session 服务器,如图 5.9 所示。

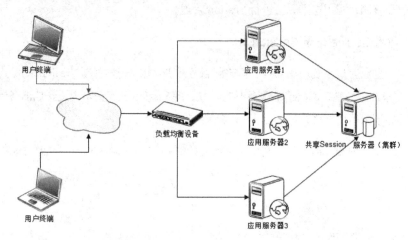

图 5.9 利用 Session 服务器共享 Session

这种解决方案事实上是将应用服务器的状态分离,分为无状态的应用服务器和有状态的 Session 服务器,然后针对这两种服务器的不同特性分别设计其架构。

对于有状态的 Session 服务器,一种比较简单的方法是利用分布式缓存、数据库等,在这些产品的基础上进行包装,使其符合 Session 的存储和访问要求。如果业务场景对 Session 管理有比较高的要求,比如利用 Session 服务集成单点登录（SSO）、用户服务等功能,则需要开发专门的 Session 服务管理平台。

5.4 高可用的服务

可复用的服务模块为业务产品提供基础公共服务,大型网站中这些服务通常都独立分布式部署,被具体应用远程调用。可复用的服务和应用一样,也是无状态的服务,因此可以使用类似负载均衡的失效转移策略实现高可用的服务。

除此之外,具体实践中,还有以下几点高可用的服务策略。

1. 分级管理

运维上将服务器进行分级管理，核心应用和服务优先使用更好的硬件，在运维响应速度上也格外迅速。显然，用户及时付款购物比能不能评价商品更重要，所以订单、支付服务比评价服务有更高优先级。

同时在服务部署上也进行必要的隔离，避免故障的连锁反应。低优先级的服务通过启动不同的线程或者部署在不同的虚拟机上进行隔离，而高优先级的服务则需要部署在不同的物理机上，核心服务和数据甚至需要部署在不同地域的数据中心。

2. 超时设置

由于服务端宕机、线程死锁等原因，可能导致应用程序对服务端的调用失去响应，进而导致用户请求长时间得不到响应，同时还占用应用程序的资源，不利于及时将访问请求转移到正常的服务器上。

在应用程序中设置服务调用的超时时间，一旦超时，通信框架就抛出异常，应用程序根据服务调度策略，可选择继续重试或将请求转移到提供相同服务的其他服务器上。

3. 异步调用

应用对服务的调用通过消息队列等异步方式完成，避免一个服务失败导致整个应用请求失败的情况。如提交一个新用户注册请求，应用需要调用三个服务：将用户信息写入数据库，发送账户注册成功邮件，开通对应权限。如果采用同步服务调用，当邮件队列阻塞不能发送邮件时，会导致其他两个服务也无法执行，最终导致用户注册失败。

如果采用异步调用的方式，应用程序将用户注册信息发送给消息队列服务器后立即返回用户注册成功响应。而记录用户注册信息到数据库、发送用户注册成功邮件、调用用户服务开通权限这三个服务作为消息的消费者任务，分别从消息队列获取用户注册信息异步执行。即使邮件服务队列阻塞，邮件不能成功发送，也不会影响其他服务的执行，用户注册操作可顺利完成，只是晚一点收到注册成功的邮件而已。

当然不是所有服务调用都可以异步调用，对于获取用户信息这类调用，采用异步方式会延长响应时间，得不偿失。对于那些必须确认服务调用成功才能继续下一步操作的应用也不合适使用异步调用。

4. 服务降级

在网站访问高峰期，服务可能因为大量的并发调用而性能下降，严重时可能会导致服务宕机。为了保证核心应用和功能的正常运行，需要对服务进行降级。降级有两种手段：拒绝服务及关闭服务。

拒绝服务：拒绝低优先级应用的调用，减少服务调用并发数，确保核心应用正常使用；或者随机拒绝部分请求调用，节约资源，让另一部分请求得以成功，避免要死大家一起死的惨剧。貌似 Twitter 比较喜欢使用随机拒绝请求的策略，经常有用户看到请求失败的故障页面，但是问下身边的人，其他人都正常使用，自己再刷新页面，也好了。

关闭功能：关闭部分不重要的服务，或者服务内部关闭部分不重要的功能，以节约系统开销，为重要的服务和功能让出资源。淘宝在每年的"双十一"促销中就使用这种方法，在系统最繁忙的时段关闭"评价"、"确认收货"等非核心服务，以保证核心交易服务的顺利完成。

5. 幂等性设计

应用调用服务失败后，会将调用请求重新发送到其他服务器，但是这个失败可能是虚假的失败。比如服务已经处理成功，但因为网络故障应用没有收到响应，这时应用重新提交请求就导致服务重复调用，如果这个服务是一个转账操作，就会产生严重后果。

服务重复调用是无法避免的，应用层也不需要关心服务是否真的失败，只要没有收到调用成功的响应，就可以认为调用失败，并重试服务调用。因此必须在服务层保证服务重复调用和调用一次产生的结果相同，即服务具有幂等性。

有些服务天然具有幂等性，比如将用户性别设置为男性，不管设置多少次，结果都一样。但是对于转账交易等操作，问题就会比较复杂，需要通过交易编号等信息进行服务调用有效性校验，只有有效的操作才能继续执行。

5.5 高可用的数据

对许多网站而言，数据是其最宝贵的物质资产，硬件可以购买，软件可以重写，但是多年运营积淀下来的各种数据（用户数据、交易数据、商品数据……），代表着历史，已经成为过往，不能再重来，一旦失去，对网站的打击可以说是毁灭性的，因此可以说，保护网站的数据就是保护企业的命脉。

不同于高可用的应用和服务，由于数据存储服务器上保存的数据不同，当某台服务器宕机的时候，数据访问请求不能任意切换到集群中其他的机器上。

保证数据存储高可用的手段主要是数据备份和失效转移机制。数据备份是保证数据有多个副本，任意副本的失效都不会导致数据的永久丢失，从而实现数据完全的持久化。而失效转移机制则保证当一个数据副本不可访问时，可以快速切换访问数据的其他副本，保证系统可用。

关于缓存服务的高可用，在实践中争议很大，一种观点认为缓存已经成为网站数据服务的重要组成部分，事实上承担了业务中绝大多数的数据读取访问服务，缓存服务失效可能会导致数据库负载过高而宕机，进而影响整个网站的可用性，因此缓存服务需要实现和数据存储服务同样的高可用。

另一种观点认为，缓存服务不是数据存储服务，缓存服务器宕机引起缓存数据丢失导致服务器负载压力过高应该通过其他手段解决，而不是提高缓存服务本身的高可用。

笔者持后一种观点，对于缓存服务器集群中的单机宕机，如果缓存服务器集群规模较大，那么单机宕机引起的缓存数据丢失比例和数据库负载压力变化都较小，对整个系统影响也较小。扩大缓存服务器集群规模的一个简单手段就是整个网站共享同一个分布式缓存集群，单独的应用和产品不需要部署自己的缓存服务器，只需要向共享缓存集群申请缓存资源即可。并且通过逻辑或物理分区的方式将每个应用的缓存部署在多台服务器上，任何一台服务器宕机引起的缓存失效都只影响应用缓存数据的一小部分，不会对应用性能和数据库负载造成太大影响。

5.5.1　CAP 原理

在讨论高可用数据服务架构之前，必须先讨论的一个话题是，为了保证数据的高可用，网站通常会牺牲另一个也很重要的指标：数据一致性。

高可用的数据有如下几个层面的含义。

数据持久性

保证数据可持久存储，在各种情况下都不会出现数据丢失的问题。为了实现数据的持久性，不但在写入数据时需要写入持久性存储，还需要将数据备份一个或多个副本，存放在不同的物理存储设备上，在某个存储故障或灾害发生时，数据不会丢失。

数据可访问性

在多份数据副本分别存放在不同存储设备的情况下，如果一个数据存储设备损坏，就需要将数据访问切换到另一个数据存储设备上，如果这个过程不能很快完成（终端用户几乎没有感知），或者在完成过程中需要停止终端用户访问数据，那么这段时间数据是不可访问的。

数据一致性

在数据有多份副本的情况下，如果网络、服务器或者软件出现故障，会导致部分副本写入成功，部分副本写入失败。这就会造成各个副本之间的数据不一致，数据内容冲突。实践中，导致数据不一致的情形有很多种，表现形式也多种多样，比如数据更新返回操作失败，事实上数据在存储服务器已经更新成功。

CAP 原理认为，一个提供数据服务的存储系统无法同时满足数据一致性（Consistency）、数据可用性（Availility）、分区耐受性（Partition Tolerance，系统具有跨网络分区的伸缩性）这三个条件，如图 5.10 所示。

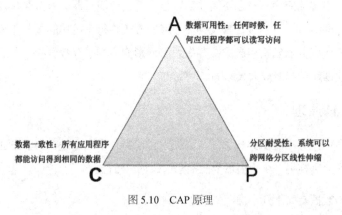

图 5.10　CAP 原理

在大型网站应用中，数据规模总是快速扩张的，因此可伸缩性即分区耐受性必不可少，规模变大以后，机器数量也会变得庞大，这时网络和服务器故障会频繁出现，要想保证应用可用，就必须保证分布式处理系统的高可用性。所以在大型网站中，通常会选择强化分布式存储系统的可用性（A）和伸缩性（P），而在某种程度上放弃一致性（C）。一般说来，数据不一致通常出现在系统高并发写操作或者集群状态不稳（故障恢复、集群扩容……）的情况下，应用系统需要对分布式数据处理系统的数据不一致性有所了解并进行某种意义上的补偿和纠错，以避免出现应用系统数据不正确。

2012 年淘宝"双十一"活动期间，在活动第一分钟就涌入了 1000 万独立用户访问，这种极端的高并发场景对数据处理系统造成了巨大压力，存储系统较弱的数据一致性导致出现部分商品超卖现象（交易成功的商品数超过了商品库存数）。

CAP 原理对于可伸缩的分布式系统设计具有重要意义，在系统设计开发过程中，不恰当地迎合各种需求，企图打造一个完美的产品，可能会使设计进入两难境地，难以为继。

具体说来，数据一致性又可分为如下几点。

数据强一致

各个副本的数据在物理存储中总是一致的；数据更新操作结果和操作响应总是一致的，即操作响应通知更新失败，那么数据一定没有被更新，而不是处于不确定状态。

数据用户一致

即数据在物理存储中的各个副本的数据可能是不一致的，但是终端用户访问时，通过纠错和校验机制，可以确定一个一致的且正确的数据返回给用户。

数据最终一致

这是数据一致性中较弱的一种，即物理存储的数据可能是不一致的，终端用户访问到的数据可能也是不一致的（同一用户连续访问，结果不同；或者不同用户同时访问，结果不同），但系统经过一段时间（通常是一个比较短的时间段）的自我恢复和修正，数据最终会达到一致。

因为难以满足数据强一致性，网站通常会综合成本、技术、业务场景等条件，结合应用服务和其他的数据监控与纠错功能，使存储系统达到用户一致，保证最终用户访问数据的正确性。

5.5.2 数据备份

数据备份是一种古老而有效的数据保护手段，早期的数据备份手段主要是数据冷备，即定期将数据复制到某种存储介质（磁带，光盘……）上并物理存档保管，如果系统存储损坏，那么就从冷备的存储设备中恢复数据。

冷备的优点是简单和廉价，成本和技术难度都较低。缺点是不能保证**数据最终一致**，由于数据是定期复制，因此备份设备中的数据比系统中的数据陈旧，如果系统数据丢失，那么从上个备份点开始后更新的数据就会永久丢失，不能从备份中恢复。同时也不能保证**数据可用性**，从冷备存储中恢复数据需要较长的时间，而这段时间无法访问数据，系统也不可用。

因此，数据冷备作为一种传统的数据保护手段，依然在网站日常运维中使用，同时在网站实时在线业务中，还需要进行数据热备，以提供更好的数据可用性。

数据热备可分为两种：异步热备方式和同步热备方式。

异步方式是指多份数据副本的写入操作异步完成，应用程序收到数据服务系统的写操作成功响应时，只写成功了一份，存储系统将会异步地写其他副本（这个过程有可能会失败），如图 5.11 所示。

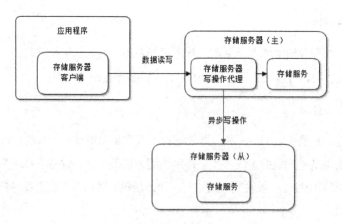

图 5.11　数据异步热备

在异步写入方式下，存储服务器分为主存储服务器（Master）和从存储服务器（Slave），应用程序正常情况下只连接主存储服务器，数据写入时，由主存储服务器的写操作代理模块将数据写入本机存储系统后立即返回写操作成功响应，然后通过异步线程将写操作数据同步到从存储服务器。

同步方式是指多份数据副本的写入操作同步完成，即应用程序收到数据服务系统的写成功响应时，多份数据都已经写操作成功。但是当应用程序收到数据写操作失败的响应时，可能有部分副本或者全部副本都已经写成功了（因为网络或者系统故障，无法返回操作成功的响应），如图 5.12 所示。

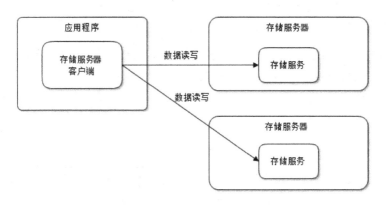

图 5.12　数据同步热备

同步热备具体实现的时候，为了提高性能，在应用程序客户端并发向多个存储服务器同时写入数据，然后等待所有存储服务器都返回操作成功的响应后，再通知应用程序写操作成功。

这种情况下，存储服务器没有主从之分，完全对等，更便于管理和维护。存储服务客户端在写多份数据的时候，并发操作，这意味着多份数据的总写操作延迟是响应最慢的那台存储服务器的响应延迟，而不是多台存储服务器响应延迟之和。其性能和异步热备方式差不多。

传统的企业级关系数据库系统几乎都提供了数据实时同步备份的机制。而一开始就为大型网站而设计的各种 NoSQL 数据库（如 HBase）更是将数据备份机制作为产品最主要的功能点之一。

关系数据库热备机制就是通常所说的 Master-Slave 同步机制。Master-Slave 机制不但解决了数据备份问题，还改善了数据库系统的性能，实践中，通常使用读写分离的方法访问 Slave 和 Master 数据库，写操作只访问 Master 数据库，读操作只访问 Slave 数据库。

5.5.3 失效转移

若数据服务器集群中任何一台服务器宕机，那么应用程序针对这台服务器的所有读写操作都需要重新路由到其他服务器，保证数据访问不会失败，这个过程叫作失效转移。

失效转移操作由三部分组成：失效确认、访问转移、数据恢复。

1. 失效确认

判断服务器宕机是系统进行失效转移的第一步，系统确认一台服务器是否宕机的手段有两种：心跳检测和应用程序访问失败报告，如图 5.13 所示。

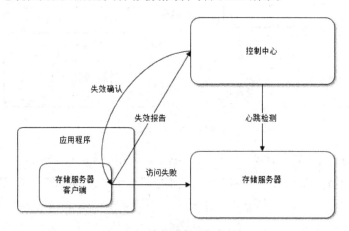

图 5.13 存储服务器失效确认

对于应用程序的访问失败报告，控制中心还需要再一次发送心跳检测进行确认，以免错误判断服务器宕机，因为一旦进行数据访问的失效转移，就意味着数据存储多份副本不一致，需要进行后续一系列复杂的操作。

2. 访问转移

确认某台数据存储服务器宕机后，就需要将数据读写访问重新路由到其他服务器上。对于完全对等存储的服务器（几台存储服务器存储的数据完全一样，我们称几台服务器为对等服务器，比如主从结构的存储服务器，其存储的数据完全一样），当其中一台宕机后，应用程序根据配置直接切换到对等服务器上。如果存储是不对等的，那么就需要重新计算路由，选择存储服务器。

3．数据恢复

因为某台服务器宕机，所以数据存储的副本数目会减少，必须将副本的数目恢复到系统设定的值，否则，再有服务器宕机时，就可能出现无法访问转移（所有副本的服务器都宕机了），数据永久丢失的情况。因此系统需要从健康的服务器复制数据，将数据副本数目恢复到设定值。具体设计可参考本书第 11 章。

5.6　高可用网站的软件质量保证

在网站运维实践中，除了网络、服务器等硬件故障导致的系统可用性风险外，还有来自软件系统本身的风险。

关于传统的软件测试和软件质量保证管理无需赘言，本节重点讨论网站为了保证线上系统的可用性而采取的一些与传统软件开发不同的质量保证手段。

5.6.1　网站发布

网站需要保证 7×24 高可用运行，同时网站又需要不断地发布新功能吸引用户以保证在激烈的市场竞争中获得成功。许多大型网站每周都需要发布一到两次，而中小型网站则更加频繁，一些处于快速发展期的网站甚至每天发布十几次。

不管发布的新功能是修改了一个按钮的布局还是增加了一个核心业务，都需要在服务器上关闭原有的应用，然后重新部署启动新的应用，整个过程还要求不影响用户的使用。这相当于要求给飞行中的飞机换个引擎，既不能让飞机有剧烈晃动（影响用户体验），也不能让飞机降落（系统停机维护），更不能让飞机坠毁（系统故障网站完全不可用）。

网站的发布过程事实上和服务器宕机效果相当，其对系统可用性的影响也和服务器宕机相似。所以设计一个网站的高可用架构时，需要考虑的服务器宕机概率不是物理上的每年一两次，而是事实上的每周一两次。也许你认为这个应用不重要，重启也非常快，用户可以忍受每年一到两次的宕机故障，因而不需要复杂的高可用设计。事实上，由于应用的不断发布，用户需要面对的是每周一到两次的宕机故障。

但是网站发布毕竟是一次提前预知的服务器宕机，所以过程可以更柔和，对用户影响更小。通常使用发布脚本来完成发布，其流程如图 5.14 所示。

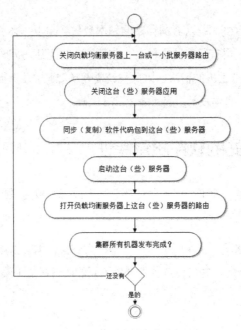

图 5.14　网站应用发布流程

发布过程中，每次关闭的服务器都是集群中的一小部分，并在发布完成后立即可以访问，因此整个发布过程不影响用户使用。

5.6.2　自动化测试

代码在发布到线上服务器之前需要进行严格的测试。即使每次发布的新功能都是在原有系统功能上的小幅增加，但为了保证系统没有引入未预料的 Bug，网站测试还是需要对整个网站功能进行全面的回归测试。此外还需要测试各种浏览器的兼容性。在发布频繁的网站应用中，如果使用人工测试，成本、时间及测试覆盖率都难以接受。

目前大部分网站都采用 Web 自动化测试技术，使用自动测试工具或脚本完成测试。比较流行的 Web 自动化测试工具是 ThoughtWorks 开发的 Selenium。Selenium 运行在浏览器中，模拟用户操作进行测试，因此 Selenium 可以同时完成 Web 功能测试和浏览器兼容测试。

大型网站通常也会开发自己的自动化测试工具，可以一键完成系统部署，测试数据生成、测试执行、测试报告生成等全部测试过程。许多网站测试工程师的编码能力毫不逊于软件工程师。

5.6.3 预发布验证

即使是经过严格的测试，软件部署到线上服务器之后还是经常会出现各种问题，甚至根本无法启动服务器。主要原因是测试环境和线上环境并不相同，特别是应用需要依赖的其他服务，如数据库，缓存、公用业务服务等，以及一些第三方服务，如电信短信网关、银行网银接口等。

也许是数据库表结构不一致；也许是接口变化导致的通信失败；也许是配置错误导致连接失败；也许是依赖的服务线上环境还没有准备好，这些问题都有可能导致应用故障。

因此在网站发布时，并不是把测试通过的代码包直接发布到线上服务器，而是先发布到预发布机器上，开发工程师和测试工程师在预发布服务器上进行预发布验证，执行一些典型的业务流程，确认系统没有问题后才正式发布。

预发布服务器是一种特殊用途的服务器，它和线上的正式服务器唯一的不同就是没有配置在负载均衡服务器上，外部用户无法访问，如图 5.15 所示。

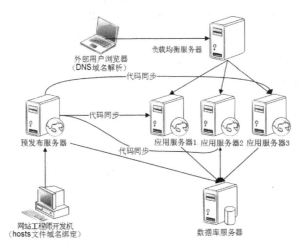

图 5.15　网站应用预发布

预发布服务器和线上正式服务器（应用服务器 1，2，3）都部署在相同的物理环境（同一个数据中心甚至同一个机架上，如果使用虚拟机，甚至可能在同一个物理服务器上）中，使用相同的线上配置，依赖相同的外部服务。网站工程师通过在自己的开发用计算机上配置 hosts 文件绑定域名 IP 关系直接使用 IP 地址访问预发布服务器。如果在预发布服务器上执行的测试验证是正确的，基本可以确保在线上正式服务器部署时也没有问题。

不过，也有可能会因为预发布验证而引入问题。因为预发布服务器连接的是真实的生产环境，所有的预发布验证操作都是真实有效的数据，这些操作也许会引起不可预期的问题。比如创建一个店铺，上架一个商品，就有可能有真的用户过来购买，如果不能发货，会导致用户投诉。

一个真实的案例是某网站需要验证海外第三方支付功能，每件商品的售价本来是数千美金，工程师不可能花数千美金去验证自己开发的功能，于是将金额改成一美元，验证成功后，幸福地发布上线了，第二天上班后，发现大量商品以一美元的价格成交。

此外，在网站应用中强调的一个处理错误的理念是快速失败（fast failed），即如果系统在启动时发现问题就立刻抛出异常，停止启动让工程师介入排查错误，而不是启动后执行错误的操作。

5.6.4 代码控制

对于大型网站，核心应用系统和公用业务模块涉及许多团队和工程师，需要对相同的代码库进行共同开发和维护。而这些团队对同一个应用的开发维护（开发周期和发布时间点各不相同），如果代码控制环节出了问题，可能将有问题的代码发布上线，将问题带入生产环境，导致系统故障。

网站代码控制的核心问题是如何进行代码管理，既能保证代码发布版本的稳定正确，同时又能保证不同团队的开发互不影响。

目前大部分网站使用的源代码版本控制工具是 SVN，SVN 代码控制和版本发布方式一般有以下两种。

1. 主干开发、分支发布

代码修改都在主干（trunk）上进行，需要发布的时候，从主干上拉一个分支（branch）发布，该分支即成为一个发布版本，如果该版本发现 Bug，继续在该分支上修改发布，并将修改合并（merge）回主干，直到下次主干发布。

2．分支开发，主干发布

任何修改都不得在主干上直接进行，需要开发一个新功能或者修复一个 Bug 时，从主干拉一个分支进行开发，开发完成且测试通过后，合并回主干，然后从主干进行发布，主干上的代码永远是最新发布的版本。

这两种方式各有优缺点。主干开发、分支发布方式，主干代码反应目前整个应用的状态，一目了然，便于管理和控制，也利于持续集成。分支开发，主干发布方式，各个分支独立进行，互不干扰，可以使不同发布周期的开发在同一应用中进行。

目前网站应用开发中主要使用的是分支开发、主干发布的方式，如图 5.16 所示。

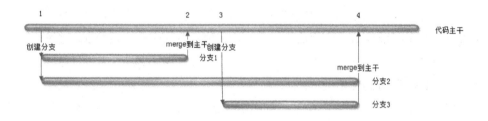

图 5.16 网站分支开发主干发布示意图

可以想象，如果使用主干开发、分支发布，那么在同一个应用上，对于不同开发周期，不同发布时间的项目，有可能 A 项目发布的时候，B 项目只开发了一半，这时候的主干代码是半成品，根本不能发布。而使用分支开发、主干发布的方式，只需要将 A 项目的分支合并回主干即可发布，不受 B 项目发布时间的影响。

目前在开源技术社区，Git 作为版本控制工具，正逐步取代 SVN 的地位。Git 对分布式开发，分支开发等有更好的支持，也更容易在各个开发分支上及时反映主干的最新更新，避免 SVN 在最后提交分支代码时发现和主干代码差别太大难以 merge 成功。但是 Git 的学习成本较高，如何和网站开发流程相结合还缺乏最佳实践和使用规范。不过相信 Git 成为网站的标准版本控制工具是迟早的事。

5.6.5 自动化发布

网站的版本发布频繁，整个发布过程需要许多团队通力合作，发布前，多个代码分支合并回主干可能会发生冲突（conflict），预发布验证也会带来风险，每次发布又相当于一次宕机事故。因此网站发布过程荆棘丛生，一不小心就会踩到雷。

对于有固定发布日期的网站（**很多网站选择周四作为发布日，这样一周前面有三天时间可以准备发布，后面还有一天时间可以挽回错误。如果选择周五发布，发现问题就必须要周末加班了。**），一到发布日，整个技术部门甚至运营部门就如临大敌，电话声此起彼伏，工程师步履匆匆，连空气中的温度都仿佛升高了几度。即便如此，发布过程还是常常出错，发布日工程师加班到凌晨是常有的事。而且容易忙中出错，因发布引发的故障也居高不下。

据说国外某知名互联网公司的 CTO 就因为没有有效手段控制发布故障、减少发布日的加班而引咎辞职。其继任者提出了一个火车发布模型：将每个应用的发布过程看作一次火车旅程，火车定点运行，期间有若干站点，每一站都进行例行检查，不通过的项目下车，剩下的项目继续坐着火车旅行，直到火车到达终点（应用发布成功）。但实际中，有可能所有项目都下车了，开着空车前进是没有意义的，火车不得不回到起点，等待解决了问题再重来一次。还有可能是车上有达官贵人（重点项目，CEO 跟投资人拍胸脯的项目），他不上车，谁也别想走，他出了错，大家都跟着回去重来。简化的火车发布模型如图 5.17 所示。

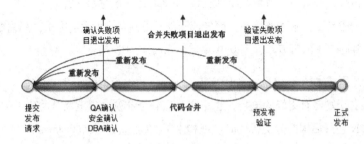

图 5.17　网站火车发布模型

由于火车发布模型是基于规则驱动的流程，所以这个流程可以自动化。采用火车发布模型的网站会开发一个自动化发布的工具实现发布过程的自动化。根据响应驱动流程，自动构造代码分支，进行代码合并，执行发布脚本等。正常流程下，可以做到发布过程无人值守，无需 SCM（网站配置管理员）参与，每个项目相关人员基于流程执行相应的操作，即可完成应用自动发布。人的干预越少，自动化程度越高，引入故障的可能性就越小，火车准点到达，大家按时下班的可能性就越大。

5.6.6 灰度发布

应用发布成功后，仍然可能发现因为软件问题而引入的故障，这时候就需要做发布回滚，即卸载刚刚发布的软件，将上一个版本的软件包重新发布，使系统复原，消除故障。

大型网站的主要业务服务器集群规模非常庞大，比如某大型应用集群服务器数量超过一万台。一旦发现故障，即使想要发布回滚也需要很长时间才能完成，只能眼睁睁看着故障时间不断增加却干着急。为了应付这种局面，大型网站会使用灰度发布模式，将集群服务器分成若干部分，每天只发布一部分服务器，观察运行稳定没有故障，第二天继续发布一部分服务器，持续几天才把整个集群全部发布完毕，期间如果发现问题，只需要回滚已发布的一部分服务器即可。如图 5.18 所示。

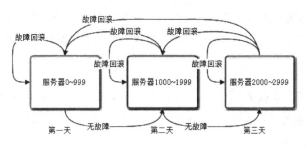

图 5.18 网站灰度发布模型

灰度发布也常用于用户测试，即在部分服务器上发布新版本，其余服务器保持老版本（或者发布另一个版本），然后监控用户操作行为，收集用户体验报告，比较用户对两个版本的满意度，以确定最终的发布版本。这种手段也被称作 AB 测试。

5.7 网站运行监控

"不允许没有监控的系统上线"，这是许多网站架构师在做项目上线评审时常说的一句话。网站运行监控对于网站运维和架构设计优化至关重要，运维没有监控的网站，犹如驾驶没有仪表的飞机。盲人骑瞎马，夜半临深渊而不知，生死尚且未卜，提高可用性、减少故障率就更无从做起了。

5.7.1 监控数据采集

广义上的网站监控涵盖所有非直接业务行为的数据采集与管理，包括供数据分析师和产品设计师使用的网站用户行为日志、业务运行数据，以及供运维工程师和开发工程师使用的系统性能数据等。

1. 用户行为日志收集

用户行为日志指用户在浏览器上所做的所有操作及其所在的操作环境，包括用户操作系统与浏览器版本信息，IP 地址、页面访问路径、页面停留时间等，这些数据对统计网站 PV/UV 指标、分析用户行为、优化网站设计、个性化营销与推荐等非常重要。

具体用户行为日志收集手段有两种。

服务器端日志收集。这个方案比较简单，Apache 等几乎所有 Web 服务器都具备日志记录功能，可以记录大部用户行为日志，开启 Web 服务器的日志记录功能即可。其缺点是可能会出现信息失真，如 IP 地址是代理服务器地址而不是用户真实 IP；无法识别访问路径等。

客户端浏览器日志收集。利用页面嵌入专门的 JavaScript 脚本可以收集用户真实的操作行为，因此比服务器日志收集更加精准。其缺点是比较麻烦，需要在页面嵌入特定的 JavaScript 脚本来完成。

此外，大型网站的用户日志数据量惊人，数据存储与计算压力很大，目前许多网站逐步开发基于实时计算框架 Storm 的日志统计与分析工具。

2. 服务器性能监控

收集服务器性能指标，如系统 Load、内存占用、磁盘 IO、网络 IO 等对尽早做出故障预警，及时判断应用状况，防患于未然，将故障扼杀在萌芽时期非常重要。此外根据性能监控数据，运维工程师可以合理安排服务器集群规模，架构师及时改善系统性能及调整系统伸缩性策略。

目前网站使用比较广泛的开源性能监控工具是 Ganglia，它支持大规模服务器集群，并支持以图形的方式在浏览器展示实时性能曲线。

3．运行数据报告

除了服务器系统性能监控，网站还需要监控一些与具体业务场景相关的技术和业务指标，比如缓冲命中率、平均响应延迟时间、每分钟发送邮件数目、待处理的任务总数等。

对于服务器性能监控，网站运维人员可以在初始化系统时统一部署，应用程序开发完全不关心服务器性能监控。而运行数据需要在具体程序中采集并报告，汇总后统一显示，应用程序需要在代码中处理运行数据采集的逻辑。

5.7.2　监控管理

监控数据采集后，除了用作系统性能评估、集群规模伸缩性预测等，还可以根据实时监控数据进行风险预警，并对服务器进行失效转移，自动负载调整，最大化利用集群所有机器的资源。

系统报警

在服务器运行正常的情况下，其各项监控指标基本稳定在一个特定水平，如果这些指标超过某个阈值，就意味着系统可能将要出现故障，这时就需要对相关人员报警，及时采取措施，在故障还未真正发生时就将其扼杀在萌芽状态。

监控管理系统可以配置报警阈值和值守人员的联系方式，报警方式除了邮件，即时通信工具，还可以配置手机短信，语音报警，系统发生报警时，工程师即使在千里之外、夜里睡觉也能被及时通知，迅速响应。

失效转移

除了应用程序访问失败时进行失效转移，监控系统还可以在发现故障的情况下主动通知应用，进行失效转移。

自动优雅降级

优雅降级是指网站为了应付突然爆发的访问高峰，主动关闭部分功能，释放部分系统资源，保证网站核心功能正常访问的一个手段。淘宝每年一次的"双十一"促销活动主动关闭"评价"、"确认收货"等非核心功能，以保证交易功能的正常进行，就可以看作是一种优雅降级。

网站在监控管理基础之上实现自动优雅降级，是网站柔性架构的理想状态：监控系统实时监控所有服务器的运行状况，根据监控参数判断应用访问负载情况，如果发现部分应用负载过高，而部分应用负载过低，就会适当卸载低负载应用部分服务器，重新安装启动部分高负载应用，使应用负载总体均衡，如果所有应用负载都很高，而且负载压力还在继续增加，就会自动关闭部分非重要功能，保证核心功能正常运行。

5.8 小结

对公司而言，可用性关系网站的生死存亡。对个人而言，可用性关系到自己的绩效升迁。工程师对架构做了许多优化、对代码做了很多重构，对性能、扩展性、伸缩性做了很多改善，但别人未必能直观地感受到，也许你的直接领导都不知道你做的这些意义何在。但如果你负责的产品出了重大故障，CEO 都会知道你的名字。事物总是先求生存，然后求发展。保证网站可用，万无一失，任重而道远。

6

永无止境：网站的伸缩性架构

所谓网站的伸缩性是指不需要改变网站的软硬件设计，仅仅通过改变部署的服务器数量就可以扩大或者缩小网站的服务处理能力。

京东网（www.360buy.com）在 2011 年年末的图书促销活动中，由于优惠幅度大引得大量买家访问，结果导致网站服务不可用，大部分用户在提交订单后，页面显示 "Service is too busy"。当天晚上，京东网老板刘强东在微博发布消息称，已购买多台服务器以增加交易处理能力，第二天继续促销一天。结果第二天，用户在提交订单后，页面继续是 "Service is too busy"。显然京东网当时的系统伸缩能力较弱，特别是订单处理子系统几乎没有什么伸缩能力。

与这些缺乏伸缩能力、关键时候掉链子的案例相对应的是淘宝网 2012 年 "双十一" 的促销活动，在活动开始的第一分钟，即有 1000 万独立用户访问网站，当天成功交易的订单总额达 191 亿，虽然淘宝网及支付宝网站出现了一些问题，但系统总体可用，绝大部分交易顺利完成。

大型网站的 "大型"，在用户层面可以理解为大量用户及大量访问，如 Facebook 有超过 10 亿用户；在功能方面可以理解为功能庞杂、产品众多，如腾讯有超过 1600 种产品；在技术层面可以理解为网站需要部署大量的服务器，如 Google 大约有近 100 万台服务器。

本书开篇曾经讨论过，大型网站不是一开始就是大型网站的，而是从小型网站逐步演化而来的，Google 诞生的时候也才只有一台服务器。设计一个大型网站或者一个大型软件系统，和将一个小网站逐渐演化成一个大型网站，其技术方案是完全不同的。前者如传统的银行系统，在设计之初就决定了系统的规模，如要服务的用户数、要处理的交易数等，然后采购大型计算机等昂贵的设备，将软件系统部署在上面，即成为一个大型系统，有朝一日这个大型系统也不能满足需求了，就花更多的钱打造一个更大型的系统。而网站一开始不可能规划出自己的规模，也不可能有那么多钱去开发一个大型系统，更不可能到了某个阶段再重新打造一个系统，只能摸着石头过河，从一台廉价的 PC 服务器开始自己的大型系统演化之路。

在这个渐进式的演化过程中，最重要的技术手段就是使用服务器集群，通过不断地向集群中添加服务器来增强整个集群的处理能力。这就是网站系统的伸缩性架构，只要技术上能做到向集群中加入服务器的数量和集群的处理能力成线性关系，那么网站就可以此手段不断提升自己的规模，从一个服务几十人的小网站发展成服务几十亿人的大网站，从只能存储几个 G 图片的小网站发展成存储几百 P 图片的大网站。

这个演化过程总体来说是渐进式的，而且总是在"伸"，也就是说，网站的规模和服务器的规模总是在不断扩大（通常，一个需要"缩"的网站可能已经无法经营下去了）。但是这个过程也可能因为运营上的需要而出现脉冲，比如前面案例中提到的电商网站的促销活动：在某个短时间内，网站的访问量和交易规模突然爆发式增长，然后又回归正常状态。这时就需要网站的技术架构具有极好的伸缩性——活动期间向服务器集群中加入更多服务器（及向网络服务商租借更多的网络带宽）以满足用户访问，活动结束后又将这些服务器下线以节约成本。

国内有许多传统企业"触网"，将传统业务搬上互联网，这是一件值得称道的事，传统行业与互联网结合将会创造出新的经济模式，改善人们的生活。但遗憾的是，有些传统企业将自己的管理模式和经营理念也照搬到互联网领域——在技术方面的表现就是一开始就企图打造一个大型网站。

6.1 网站架构的伸缩性设计

回顾网站架构发展历程， 网站架构发展史就是一部不断向网站添加服务器的历史。只要工程师能向网站的服务器集群中添加新的机器，只要新添加的服务器能线性提高网站的整体服务处理能力，网站就无需为不断增长的用户和访问而焦虑。

一般说来，网站的伸缩性设计可分成两类，一类是根据功能进行物理分离实现伸缩，一类是单一功能通过集群实现伸缩。前者是不同的服务器部署不同的服务，提供不同的功能；后者是集群内的多台服务器部署相同的服务，提供相同的功能。

6.1.1 不同功能进行物理分离实现伸缩

网站发展早期——通过增加服务器提高网站处理能力时，新增服务器总是从现有服务器中分离出部分功能和服务，如图 6.1 所示。

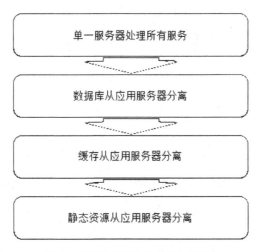

图 6.1　通过物理分离实现服务器伸缩

每次分离都会有更多的服务器加入网站，使用新增的服务器处理某种特定服务。事实上，通过物理上分离不同的网站功能，实现网站伸缩性的手段，不仅可以用在网站发展早期，而且可以在网站发展的任何阶段使用。具体又可分成如下两种情况。

纵向分离（分层后分离）：将业务处理流程上的不同部分分离部署，实现系统伸缩性，如图 6.2 所示。

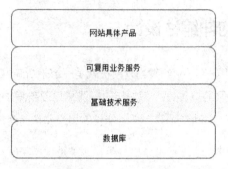

图 6.2   通过纵向分离部署实现系统伸缩性

横向分离（业务分割后分离）：将不同的业务模块分离部署，实现系统伸缩性，如图 6.3 所示。

图 6.3   通过横向分离部署实现系统伸缩性

横向分离的粒度可以非常小，甚至可以一个关键网页部署一个独立服务，比如对于电商网站非常重要的产品详情页面，商铺页面，搜索列表页面，每个页面都可以独立部署，专门维护。

6.1.2   单一功能通过集群规模实现伸缩

将不同功能分离部署可以实现一定程度的伸缩性，但是随着网站访问量的逐步增加，即使分离到最小粒度的独立部署，单一的服务器也不能满足业务规模的要求。因此必须使用服务器集群，即将相同服务部署在多台服务器上构成一个集群整体对外提供服务。

当一头牛拉不动车的时候，不要去寻找一头更强壮牛，而是用两头牛来拉车。

以搜索服务器为例，如果一台服务器可以提供每秒 1000 次的请求服务，即 QPS（Query Per Second）为 1000。那么如果网站高峰时每秒搜索访问量为 10000，就需要部署 10 台服务器构成一个集群。若以缓存服务器为例，如果每台服务器可缓存 40GB 数据，那么要缓存 100GB 数据，就需要部署 3 台服务器构成一个集群。当然这些例子的计算都是简化的，事实上，计算一个服务的集群规模，需要同时考虑其对可用性、性能的影响及关联服务集群的影响。

具体来说，集群伸缩性又可分为应用服务器集群伸缩性和数据服务器集群伸缩性。这两种集群由于对数据状态管理的不同，技术实现也有非常大的区别。而数据服务器集群也可分为缓存数据服务器集群和存储数据服务器集群，这两种集群的伸缩性设计也不大相同。

6.2 应用服务器集群的伸缩性设计

我们在本书第 5 章提到，应用服务器应该设计成无状态的，即应用服务器不存储请求上下文信息，如果将部署有相同应用的服务器组成一个集群，每次用户请求都可以发送到集群中任意一台服务器上去处理，任何一台服务器的处理结果都是相同的。这样只要能将用户请求按照某种规则分发到集群的不同服务器上，就可以构成一个应用服务器集群，每个用户的每个请求都可能落在不同的服务器上。如图 6.4 所示。

如果 HTTP 请求分发装置可以感知或者可以配置集群的服务器数量，可以及时发现集群中新上线或下线的服务器，并能向新上线的服务器分发请求，停止向已下线的服务器分发请求，那么就实现了应用服务器集群的伸缩性。

这里，这个 HTTP 请求分发装置被称作负载均衡服务器。

负载均衡是网站必不可少的基础技术手段，不但可以实现网站的伸缩性，同时还改善网站的可用性，可谓网站的杀手锏之一。具体的技术实现也多种多样，从硬件实现到软件实现，从商业产品到开源软件，应有尽有，但是实现负载均衡的基础技术不外以下几种。

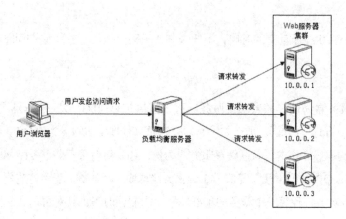

图 6.4　负载均衡实现应用服务器伸缩性

6.2.1　HTTP 重定向负载均衡

利用 HTTP 重定向协议实现负载均衡。如图 6.5 所示。

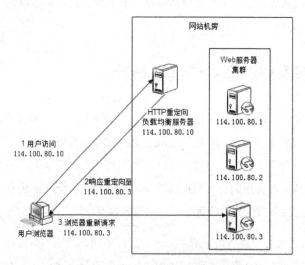

图 6.5　HTTP 重定向负载均衡原理

　　HTTP 重定向服务器是一台普通的应用服务器，其唯一的功能就是根据用户的 HTTP 请求计算一台真实的 Web 服务器地址，并将该 Web 服务器地址写入 HTTP 重定向响应中（响应状态码 302）返回给用户浏览器。在图 6.5 中，浏览器请求访问域名 www.mysite.com，DNS 服务器解析得到 IP 地址是 114.100.80.10，即 HTTP 重定向服务器的 IP 地址。然后浏览器通过 IP 地址 114.100.80.10 访问 HTTP 重定向负载均衡服务器后，服务器根据某种负载均衡算法计算获得一台实际物理服务器的地址（114.100.80.3），构造一个包含该实际物理服务器地址的重定向响应返回给浏览器，浏览器自动重新请求实际物理服务器的 IP 地址 114.100.80.3，完成访问。

这种负载均衡方案的优点是比较简单。缺点是浏览器需要两次请求服务器才能完成一次访问，性能较差；重定向服务器自身的处理能力有可能成为瓶颈，整个集群的伸缩性规模有限；使用 HTTP302 响应码重定向，有可能使搜索引擎判断为 SEO 作弊，降低搜索排名。因此实践中使用这种方案进行负载均衡的案例并不多见。

6.2.2　DNS 域名解析负载均衡

这是利用 DNS 处理域名解析请求的同时进行负载均衡处理的一种方案，如图 6.6 所示。

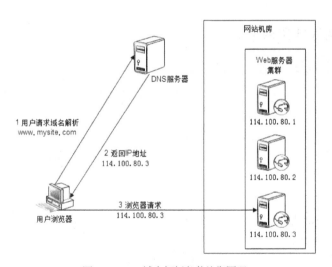

图 6.6　DNS 域名解析负载均衡原理

在 DNS 服务器中配置多个 A 记录，如：www.mysite.com IN A 114.100.80.1、www.mysite.com IN A 114.100.80.2、www.mysite.com IN A 114.100.80.3。

每次域名解析请求都会根据负载均衡算法计算一个不同的 IP 地址返回，这样 A 记录中配置的多个服务器就构成一个集群，并可以实现负载均衡。图 6.6 中的浏览器请求解析域名 www.mysite.com，DNS 根据 A 记录和负载均衡算法计算得到一个 IP 地址 114.100.80.3，并返回给浏览器；浏览器根据该 IP 地址，访问真实物理服务器 114.100.80.3。

DNS 域名解析负载均衡的优点是将负载均衡的工作转交给 DNS，省掉了网站管理维护负载均衡服务器的麻烦，同时许多 DNS 还支持基于地理位置的域名解析，即会将域名解析成距离用户地理最近的一个服务器地址，这样可加快用户访问速度，改善性能。但是 DNS 域名解析负载均衡也有缺点，就是目前的 DNS 是多级解析，每一级 DNS 都可能缓存 A 记录，当下线某台服务器后，即使修改了 DNS 的 A 记录，要使其生效也需要较长时间，这段时间，DNS 依然会将域名解析到已经下线的服务器，导致用户访问失败；而且 DNS 负载均衡的控制权在域名服务商那里，网站无法对其做更多改善和更强大的管理。

事实上，大型网站总是部分使用 DNS 域名解析，利用域名解析作为第一级负载均衡手段，即域名解析得到的一组服务器并不是实际提供 Web 服务的物理服务器，而是同样提供负载均衡服务的内部服务器，这组内部负载均衡服务器再进行负载均衡，将请求分发到真实的 Web 服务器上。

6.2.3　反向代理负载均衡

利用反向代理服务器进行负载均衡，如图 6.7 所示。

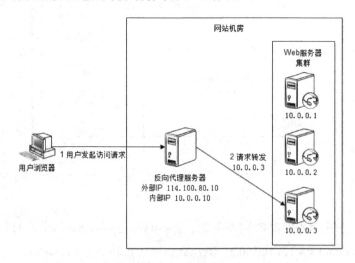

图 6.7　反向代理负载均衡原理

前面我们提到利用反向代理缓存资源，以改善网站性能。实际上，在部署位置上，反向代理服务器处于 Web 服务器前面（这样才可能缓存 Web 响应，加速访问），这个位置也正好是负载均衡服务器的位置，所以大多数反向代理服务器同时提供负载均衡的功能，管理一组 Web 服务器，将请求根据负载均衡算法转发到不同 Web 服务器上。Web 服务器处理完成的响应也需要通过反向代理服务器返回给用户。由于 Web 服务器不直接对外提供访问，因此 Web 服务器不需要使用外部 IP 地址，而反向代理服务器则需要配置双网卡和内部外部两套 IP 地址。

图 6.7 中，浏览器访问请求的地址是反向代理服务器的地址 114.100.80.10，反向代理服务器收到请求后，根据负载均衡算法计算得到一台真实物理服务器的地址 10.0.0.3，并将请求转发给服务器。10.0.0.3 处理完请求后将响应返回给反向代理服务器，反向代理服务器再将该响应返回给用户。

由于反向代理服务器转发请求在 HTTP 协议层面，因此也叫应用层负载均衡。其优点是和反向代理服务器功能集成在一起，部署简单。缺点是反向代理服务器是所有请求和响应的中转站，其性能可能会成为瓶颈。

6.2.4　IP 负载均衡

在网络层通过修改请求目标地址进行负载均衡，如图 6.8 所示。

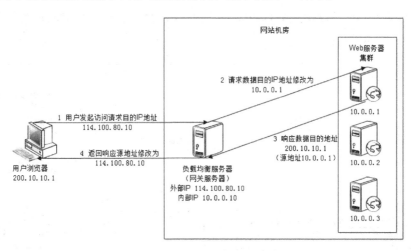

图 6.8　IP 负载均衡原理

用户请求数据包到达负载均衡服务器 114.100.80.10 后，负载均衡服务器在操作系统内核进程获取网络数据包，根据负载均衡算法计算得到一台真实 Web 服务器 10.0.0.1，然后将数据目的 IP 地址修改为 10.0.0.1，不需要通过用户进程处理。真实 Web 应用服务器处理完成后，响应数据包回到负载均衡服务器，负载均衡服务器再将数据包源地址修改为自身的 IP 地址（114.100.80.10）发送给用户浏览器。

这里的关键在于真实物理 Web 服务器响应数据包如何返回给负载均衡服务器。一种方案是负载均衡服务器在修改目的 IP 地址的同时修改源地址，将数据包源地址设为自身 IP，即源地址转换（SNAT），这样 Web 服务器的响应会再回到负载均衡服务器；另一种方案是将负载均衡服务器同时作为真实物理服务器集群的网关服务器，这样所有响应数据都会到达负载均衡服务器。

IP 负载均衡在内核进程完成数据分发，较反向代理负载均衡（在应用程序中分发数据）有更好的处理性能。但是由于所有请求响应都需要经过负载均衡服务器，集群的最大响应数据吞吐量不得不受制于负载均衡服务器网卡带宽。对于提供下载服务或者视频服务等需要传输大量数据的网站而言，难以满足需求。能不能让负载均衡服务器只分发请求，而使响应数据从真实物理服务器直接返回给用户呢？

6.2.5 数据链路层负载均衡

顾名思义，数据链路层负载均衡是指在通信协议的数据链路层修改 mac 地址进行负载均衡，如图 6.9 所示。

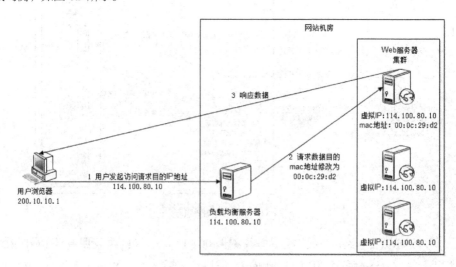

图 6.9 数据链路层负载均衡原理

这种数据传输方式又称作三角传输模式，负载均衡数据分发过程中不修改 IP 地址，只修改目的 mac 地址，通过配置真实物理服务器集群所有机器虚拟 IP 和负载均衡服务器 IP 地址一致，从而达到不修改数据包的源地址和目的地址就可以进行数据分发的目的，由于实际处理请求的真实物理服务器 IP 和数据请求目的 IP 一致，不需要通过负载均衡服务器进行地址转换，可将响应数据包直接返回给用户浏览器，避免负载均衡服务器网卡带宽成为瓶颈。这种负载均衡方式又称作直接路由方式（DR）。

在图 6.9 中，用户请求到达负载均衡服务器 114.100.80.10 后，负载均衡服务器将请求数据的目的 mac 地址修改为 00:0c:29:d2，并不修改数据包目标 IP 地址，由于 Web 服务器集群所有服务器的虚拟 IP 地址都和负载均服务器的 IP 地址相同，因此数据可以正常传输到达 mac 地址 00:0c:29:d2 对应的服务器，该服务器处理完成后发送响应数据到网站的网关服务器，网关服务器直接将该数据包发送到用户浏览器（通过互联网），响应数据不需要通过负载均衡服务器。

使用三角传输模式的链路层负载均衡是目前大型网站使用最广的一种负载均衡手段。在 Linux 平台上最好的链路层负载均衡开源产品是 LVS（Linux Virtual Server）。

6.2.6 负载均衡算法

负载均衡服务器的实现可以分成两个部分：

1. 根据负载均衡算法和 Web 服务器列表计算得到集群中一台 Web 服务器的地址。

2. 将请求数据发送到该地址对应的 Web 服务器上。

前面描述了如何将请求数据发送到 Web 服务器，而具体的负载均衡算法通常有以下几种。

轮询（Round Robin，RR）

所有请求被依次分发到每台应用服务器上，即每台服务器需要处理的请求数目都相同，适合于所有服务器硬件都相同的场景。

加权轮询（Weighted Round Robin，WRR）

根据应用服务器硬件性能的情况，在轮询的基础上，按照配置的权重将请求分发到每个服务器，高性能的服务器能分配更多请求。

随机（Random）

请求被随机分配到各个应用服务器，在许多场合下，这种方案都很简单实用，因为好的随机数本身就很均衡。即使应用服务器硬件配置不同，也可以使用加权随机算法。

最少连接（Least Connections）

记录每个应用服务器正在处理的连接数（请求数），将新到的请求分发到最少连接的服务器上，应该说，这是最符合负载均衡定义的算法。同样，最少连接算法也可以实现加权最少连接。

源地址散列（Source Hashing）

根据请求来源的 IP 地址进行 Hash 计算，得到应用服务器，这样来自同一个 IP 地址的请求总在同一个服务器上处理，该请求的上下文信息可以存储在这台服务器上，在一个会话周期内重复使用，从而实现会话黏滞。

6.3 分布式缓存集群的伸缩性设计

我们在本书第 4 章讨论过分布式缓存，不同于应用服务器集群的伸缩性设计，分布式缓存集群的伸缩性不能使用简单的负载均衡手段来实现。

和所有服务器都部署相同应用的应用服务器集群不同，分布式缓存服务器集群中不同服务器中缓存的数据各不相同，缓存访问请求不可以在缓存服务器集群中的任意一台处理，必须先找到缓存有需要数据的服务器，然后才能访问。这个特点会严重制约分布式缓存集群的伸缩性设计，因为新上线的缓存服务器没有缓存任何数据，而已下线的缓存服务器还缓存着网站的许多热点数据。

必须让新上线的缓存服务器对整个分布式缓存集群影响最小，也就是说新加入缓存服务器后应使整个缓存服务器集群中已经缓存的数据尽可能还被访问到，这是分布式缓存集群伸缩性设计的最主要目标。

6.3.1 Memcached 分布式缓存集群的访问模型

以 Memcached 为代表的分布式缓存，访问模型如图 6.10 所示。

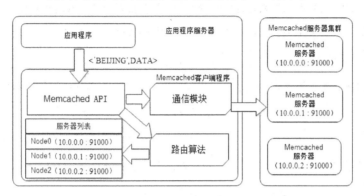

图 6.10 Memcached 分布式缓存访问模型

应用程序通过 Memcached 客户端访问 Memcached 服务器集群，Memcached 客户端主要由一组 API、Memcached 服务器集群路由算法、Memcached 服务器集群列表及通信模块构成。

其中路由算法负责根据应用程序输入的缓存数据 KEY 计算得到应该将数据写入到 Memcached 的哪台服务器（写缓存）或者应该从哪台服务器读数据（读缓存）。

一个典型的缓存写操作如图 6.10 中箭头所示路径。应用程序输入需要写缓存的数据 <'BEIJING',DATA>，API 将 KEY（'BEIJING'）输入路由算法模块，路由算法根据 KEY 和 Memcached 集群服务器列表计算得到一台服务编号（NODE1），进而得到该机器的 IP 地址和端口（10.0.0.0:91000）。API 调用通信模块和编号为 NODE1 的服务器通信，将数据 <'BEIJING',DATA>写入该服务器。完成一次分布式缓存的写操作。

读缓存的过程和写缓存一样，由于使用同样的路由算法和服务器列表，只要应用程序提供相同的 KEY（'BEIJING'），Memcached 客户端总是访问相同的服务器（NODE1）去读取数据。只要服务器还缓存着该数据，就能保证缓存命中。

6.3.2 Memcached 分布式缓存集群的伸缩性挑战

由上述讨论可得知，在 Memcached 分布式缓存系统中，对于服务器集群的管理，路由算法至关重要，和负载均衡算法一样，决定着究竟该访问集群中的哪台服务器。

简单的路由算法可以使用余数 Hash：用服务器数目除缓存数据 KEY 的 Hash 值，余数为服务器列表下标编号。假设图 6.10 中'BEIJING'的 Hash 值是 490806430（Java 中的 HashCode()返回值），用服务器数目 3 除该值，得到余数 1，对应节点 NODE1。由于 HashCode 具有随机性，因此使用余数 Hash 路由算法可保证缓存数据在整个 Memcached 服务器集群中比较均衡地分布。

对余数 Hash 路由算法稍加改进，就可以实现和负载均衡算法中加权负载均衡一样的加权路由。事实上，如果不需要考虑缓存服务器集群伸缩性，余数 Hash 几乎可以满足绝大多数的缓存路由需求。

但是，当分布式缓存集群需要扩容的时候，事情就变得棘手了。

假设由于业务发展，网站需要将 3 台缓存服务器扩容至 4 台。更改服务器列表，仍旧使用余数 Hash，用 4 除'BEIJING'的 Hash 值 490806430，余数为 2，对应服务器 NODE2。由于数据<'BEIJING',DATA>缓存在 NODE1，对 NODE2 的读缓存操作失败，缓存没有命中。

很容易就可以计算出，3 台服务器扩容至 4 台服务器，大约有 75%（3/4）被缓存了的数据不能正确命中，随着服务器集群规模的增大，这个比例线性上升。当 100 台服务器的集群中加入一台新服务器，不能命中的概率是 99%（$N/(N+1)$）。

这个结果显然是不能接受的，在网站业务中，大部分的业务数据读操作请求事实上是通过缓存获取的，只有少量读操作请求会访问数据库，因此数据库的负载能力是以有缓存为前提而设计的。当大部分被缓存了的数据因为服务器扩容而不能正确读取时，这些数据访问的压力就落到了数据库的身上，这将大大超过数据库的负载能力，严重的可能会导致数据库宕机（这种情况下，不能简单重启数据库，网站也需要较长时间才能逐渐恢复正常。详见本书第 13 章。）

本来加入新的缓存服务器是为了降低数据库的负载压力，但是操作不当却导致了数据库的崩溃。如果不对问题和解决方案有透彻了解，网站技术总有想不到的陷阱让架构师一脚踩空。遇到这种情况，用某网站一位资深架构师的话说，就是"一股寒气从脚底板窜到了脑门心"。

一种解决办法是在网站访问量最少的时候扩容缓存服务器集群，这时候对数据库的负载冲击最小。然后通过模拟请求的方法逐渐预热缓存，使缓存服务器中的数据重新分布。但是这种方案对业务场景有要求，还需要技术团队通宵加班（网站访问低谷通常是在半夜）。

能不能通过改进路由算法，使得新加入的服务器不影响大部分缓存数据的正确命中呢？目前比较流行的算法是一致性 Hash 算法。

6.3.3　分布式缓存的一致性 Hash 算法

一致性 Hash 算法通过一个叫作一致性 Hash 环的数据结构实现 KEY 到缓存服务器的 Hash 映射，如图 6.11 所示。

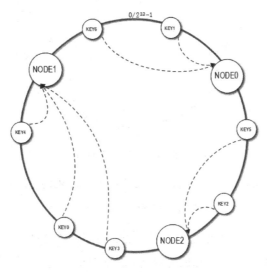

图 6.11　一致性 Hash 算法原理

具体算法过程为：先构造一个长度为 2^{32} 的整数环（这个环被称作一致性 Hash 环），根据节点名称的 Hash 值（其分布范围为[0, 2^{32}-1]）将缓存服务器节点放置在这个 Hash 环上。然后根据需要缓存的数据的 KEY 值计算得到其 Hash 值（其分布范围也同样为 [0, 2^{32}-1]），然后在 Hash 环上顺时针查找距离这个 KEY 的 Hash 值最近的缓存服务器节点，完成 KEY 到服务器的 Hash 映射查找。

在图 6.11 中，假设 NODE1 的 Hash 值为 3,594,963,423，NODE2 的 Hash 值为

1,845,328,979，而 KEY0 的 Hash 值为 2,534,256,785，那么 KEY0 在环上顺时针查找，找到的最近的节点就是 NODE1。

当缓存服务器集群需要扩容的时候，只需要将新加入的节点名称（NODE3）的 Hash 值放入一致性 Hash 环中，由于 KEY 是顺时针查找距离其最近的节点，因此新加入的节点只影响整个环中的一小段，如图 6.12 中加粗一段。

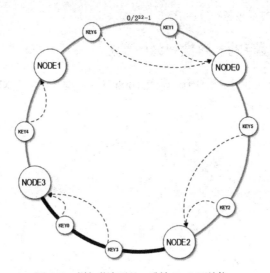

图 6.12　增加节点后的一致性 Hash 环结构

假设 NODE3 的 Hash 值是 2,790,324,235，那么加入 NODE3 后，KEY0（Hash 值 2,534, 256,785）顺时针查找得到的节点就是 NODE3。

图 6.12 中，加入新节点 NODE3 后，原来的 KEY 大部分还能继续计算到原来的节点，只有 KEY3、KEY0 从原来的 NODE1 重新计算到 NODE3。这样就能保证大部分被缓存的数据还可以继续命中。3 台服务器扩容至 4 台服务器，可以继续命中原有缓存数据的概率是 75%，远高于余数 Hash 的 25%，而且随着集群规模越大，继续命中原有缓存数据的概率也逐渐增大，100 台服务器扩容增加 1 台服务器，继续命中的概率是 99%。虽然仍有小部分数据缓存在服务器中不能被读到，但是这个比例足够小，通过访问数据库获取也不会对数据库造成致命的负载压力。

具体应用中，这个长度为 2^{32} 的一致性 Hash 环通常使用二叉查找树实现，Hash 查找过程实际上是在二叉查找树中查找不小于查找数的最小数值。当然这个二叉树的最右边叶子节点和最左边的叶子节点相连接，构成环。

但是，上面描述的算法过程还存在一个小小的问题。

新加入的节点 NODE3 只影响了原来的节点 NODE1，也就是说一部分原来需要访问 NODE1 的缓存数据现在需要访问 NODE3（概率上是 50%）。但是原来的节点 NODE0 和 NODE2 不受影响，这就意味着 NODE0 和 NODE2 缓存数据量和负载压力是 NODE1 与 NODE3 的两倍。如果 4 台机器的性能是一样的，那么这种结果显然不是我们需要的。

怎么办？

计算机领域有句话：**计算机的任何问题都可以通过增加一个虚拟层来解决**。计算机硬件、计算机网络、计算机软件都莫不如此。计算机网络的 7 层协议，每一层都可以看作是下一层的虚拟层；计算机操作系统可以看作是计算机硬件的虚拟层；Java 虚拟机可以看作是操作系统的虚拟层；分层的计算机软件架构事实上也是利用虚拟层的概念。

解决上述一致性 Hash 算法带来的负载不均衡问题，也可以通过使用虚拟层的手段：将每台物理缓存服务器虚拟为一组虚拟缓存服务器，将虚拟服务器的 Hash 值放置在 Hash 环上，KEY 在环上先找到虚拟服务器节点，再得到物理服务器的信息。

这样新加入物理服务器节点时，是将一组虚拟节点加入环中，如果虚拟节点的数目足够多，这组虚拟节点将会影响同样多数目的已经在环上存在的虚拟节点，这些已经存在的虚拟节点又对应不同的物理节点。最终的结果是：新加入一台缓存服务器，将会较为均匀地影响原来集群中已经存在的所有服务器，也就是说分摊原有缓存服务器集群中所有服务器的一小部分负载，其总的影响范围和上面讨论过的相同。如图 6.13 所示。

在图 6.13 中，新加入节点 NODE3 对应的一组虚拟节点为 V30，V31，V32，加入到一致性 Hash 环上后，影响 V01，V12，V22 三个虚拟节点，而这三个虚拟节点分别对应 NODE0，NODE1，NODE2 三个物理节点。最终 Memcached 集群中加入一个节点，但是同时影响到集群中已存在的三个物理节点，在理想情况下，每个物理节点受影响的数据量（还在缓存中，但是不能被访问到数据）为其节点缓存数据量的 1/4（$X/(N+X)$，N 为原有物理节点数，X 为新加入物理节点数），也就是集群中已经被缓存的数据有 75% 可以被继续命中，和未使用虚拟节点的一致性 Hash 算法结果相同。

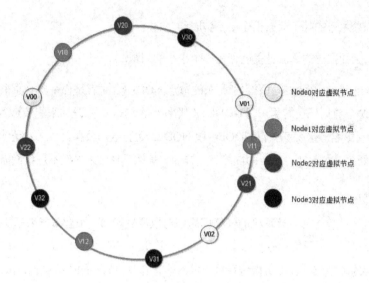

图 6.13　使用虚拟节点的一致性 Hash 环

　　显然每个物理节点对应的虚拟节点越多，各个物理节点之间的负载越均衡，新加入物理服务器对原有的物理服务器的影响越保持一致（这就是一致性 Hash 这个名称的由来）。那么在实践中，一台物理服务器虚拟为多少个虚拟服务器节点合适呢？太多会影响性能，太少又会导致负载不均衡，一般说来，经验值是 150，当然根据集群规模和负载均衡的精度需求，这个值应该根据具体情况具体对待。

6.4　数据存储服务器集群的伸缩性设计

　　和缓存服务器集群的伸缩性设计不同，数据存储服务器集群的伸缩性对数据的持久性和可用性提出了更高的要求。

　　缓存的目的是加速数据读取的速度并减轻数据存储服务器的负载压力，因此部分缓存数据的丢失不影响业务的正常处理，因为数据还可以从数据库等存储服务器上获取。

　　而数据存储服务器必须保证数据的可靠存储，任何情况下都必须保证数据的可用性和正确性。因此缓存服务器集群的伸缩性架构方案不能直接适用于数据库等存储服务器。存储服务器集群的伸缩性设计相对更复杂一些，具体说来，又可分为关系数据库集群的伸缩性设计和 NoSQL 数据库的伸缩性设计。

6.4.1 关系数据库集群的伸缩性设计

关系数据库凭借其简单强大的 SQL 和众多成熟的商业数据库产品，占据了从企业应用到网站系统的大部分业务数据存储服务。市场上主要的关系数据都支持数据复制功能，使用这个功能可以对数据库进行简单伸缩。图 6.14 为使用数据复制的 MySQL 集群伸缩性方案。

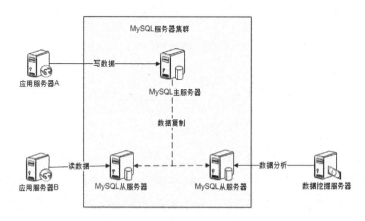

图 6.14　MySQL 集群伸缩性方案

在这种架构中，虽然多台服务器部署 MySQL 实例，但是它们的角色有主从之分，数据写操作都在主服务器上，由主服务器将数据同步到集群中其他从服务器，数据读操作及数据分析等离线操作在从服务器上进行。

除了数据库主从读写分离，前面提到的业务分割模式也可以用在数据库，不同业务数据表部署在不同的数据库集群上，即俗称的数据分库。这种方式的制约条件是跨库的表不能进行 Join 操作。

在大型网站的实际应用中，即使进行了分库和主从复制，对一些单表数据仍然很大的表，比如 Facebook 的用户数据库，淘宝的商品数据库，还需要进行分片，将一张表拆开分别存储在多个数据库中。

目前网站在线业务应用中比较成熟的支持数据分片的分布式关系数据库产品主要有开源的 Amoeba（http://sourceforge.net/projects/amoeba/）和 Cobar（http://code.alibabatech.com/wiki/display/cobar/Home）。这两个产品有相似的架构设计，以 Cobar 为例，部署模型如图 6.15 所示。

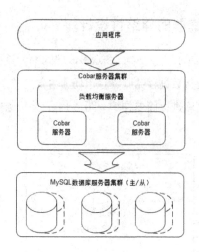

图 6.15　Cobar 部署模型

Cobar 是一个分布式关系数据库访问代理，介于应用服务器和数据库服务器之间（Cobar 也支持非独立部署，以 lib 的方式和应用程序部署在一起）。应用程序通过 JDBC 驱动访问 Cobar 集群，Cobar 服务器根据 SQL 和分库规则分解 SQL，分发到 MySQL 集群不同的数据库实例上执行（每个 MySQL 实例都部署为主/从结构，保证数据高可用）。

Cobar 系统组件模型如图 6.16 所示。

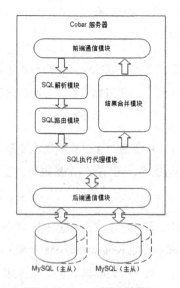

图 6.16　Cobar 系统组件模型

前端通信模块负责和应用程序通信，接收到 SQL 请求（select * from users where userid in（12,22,23））后转交给 SQL 解析模块，SQL 解析模块解析获得 SQL 中的路由规则查询条件（userid in(12,22,23)）再转交给 SQL 路由模块，SQL 路由模块根据路由规则配置（userid 为偶数路由至数据库 A，userid 为奇数路由至数据库 B）将应用程序提交的 SQL 分解成两条 SQL（select * from users where userid in (12,22); select * from users where userid in (23); ）转交给 SQL 执行代理模块，发送至数据库 A 和数据库 B 分别执行。

数据库 A 和数据库 B 的执行结果返回至 SQL 执行模块，通过结果合并模块将两个返回结果集合并成一个结果集，最终返回给应用程序，完成在分布式数据库中的一次访问请求。

那么 Cobar 如何做集群的伸缩呢？

Cobar 的伸缩有两种：Cobar 服务器集群的伸缩和 MySQL 服务器集群的伸缩。

Cobar 服务器可以看作是无状态的应用服务器，因此其集群伸缩可以简单使用负载均衡的手段实现。而 MySQL 中存储着数据，要想保证集群扩容后数据一致负载均衡，必须要做数据迁移，将集群中原来机器中的数据迁移到新添加的机器中，如图 6.17 所示。

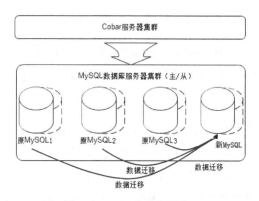

图 6.17　Cobar 集群伸缩原理

具体迁移哪些数据可以利用一致性 Hash 算法（即路由模块使用一致性 Hash 算法进行路由），尽量使需要迁移的数据最少。但是迁移数据需要遍历数据库中每条记录（的索引），重新进行路由计算确定其是否需要迁移，这会对数据库访问造成一定压力。并且需要解决迁移过程中数据的一致性、可访问性、迁移过程中服务器宕机时的可用性等诸多问题。

实践中，Cobar 利用了 MySQL 的数据同步功能进行数据迁移。数据迁移不是以数据为单位，而是以 Schema 为单位。在 Cobar 集群初始化时，在每个 MySQL 实例创建多个 Schema（根据业务远景规划未来集群规模，如集群最大规模为 1000 台数据库服务器，那么总的初始 Schema 数≥1000）。集群扩容的时候，从每个服务器中迁移部分 Schema 到新机器中，由于迁移以 Schema 为单位，迁移过程可以使用 MySQL 的同步机制，如图 6.18 所示。

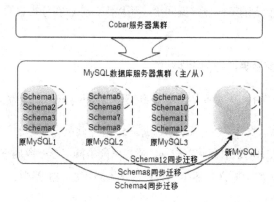

图 6.18　利用 MySQL 同步机制实现 Cobar 集群伸缩

同步完成时，即新机器中 Schema 数据和原机器中 Schema 数据一致的时候，修改 Cobar 服务器的路由配置，将这些 Schema 的 IP 修改为新机器的 IP，然后删除原机器中的相关 Schema，完成 MySQL 集群扩容。

在整个分布式关系数据库的访问请求过程中，Cobar 服务器处理消耗的时间是很少的，时间花费主要还是在 MySQL 数据库端，因此应用程序通过 Cobar 访问分布式关系数据库，性能基本和直接访问关系数据库相当，可以满足网站在线业务的实时处理需求。事实上由于 Cobar 代替应用程序连接数据库，数据库只需要维护更少的连接，减少不必要的资源消耗，改善性能。

但由于 Cobar 路由后只能在单一数据库实例上处理查询请求，因此无法执行跨库的 JOIN 操作，当然更不能执行跨库的事务处理。

相比关系数据库本身功能上的优雅强大，目前各类分布式关系数据库解决方案都显得非常简陋，限制了关系数据库某些功能的使用。但是当网站业务面临不停增长的海量业务数据存储压力时，又不得不利用分布式关系数据库的集群伸缩能力，这时就必须从业务上回避分布式关系数据库的各种缺点：避免事务或利用事务补偿机制代替数据库事务；分解数据访问逻辑避免 JOIN 操作等。

除了上面提到的分布式数据库，还有一类分布式数据库可以支持 JOIN 操作执行复杂的 SQL 查询，如 GreenPlum。但是这类数据库的访问延迟比较大（可以想象，JOIN 操作需要在服务器间传输大量的数据），因此一般使用在数据仓库等非实时业务中。

6.4.2 NoSQL 数据库的伸缩性设计

在计算机数据存储领域，一直是关系数据库（Relational Database）的天下，以至传统企业应用领域，许多应用系统设计都是面向数据库设计——先设计数据库然后设计程序，从而导致关系模型绑架对象模型，并由此引申出旷日持久的业务对象贫血模型与充血模型之争。业界为了解决关系数据库的不足，提出了诸多方案，比较有名的是对象数据库，但是这些数据库的出现只是进一步证明关系数据库的优越而已。直到大型网站遇到了关系数据库难以克服的缺陷——糟糕的海量数据处理能力及僵硬的设计约束，局面才有所改善。为了解决上述问题，NoSQL 这一概念被提了出来，以弥补关系数据库的不足。

NoSQL，主要指非关系的、分布式的数据库设计模式。也有许多专家将 NoSQL 解读为 Not Only SQL，表示 NoSQL 只是关系数据库的补充，而不是替代方案。一般而言，NoSQL 数据库产品都放弃了关系数据库的两大重要基础：以关系代数为基础的结构化查询语言（SQL）和事务一致性保证（ACID）。而强化其他一些大型网站更关注的特性：高可用性和可伸缩性。

开源社区有各种 NoSQL 产品，其支持的数据结构和伸缩特性也各不相同，目前看来，应用最广泛的是 Apache HBase。

HBase 为可伸缩海量数据储存而设计，实现面向在线业务的实时数据访问延迟。HBase 的伸缩性主要依赖其可分裂的 HRegion 及可伸缩的分布式文件系统 HDFS 实现。

HBase 的整体架构如图 6.19 所示。HBase 中，数据以 HRegion 为单位进行管理，也就是说应用程序如果想要访问一个数据，必须先找到 HRegion，然后将数据读写操作提交给 HRegion，由 HRegion 完成存储层面的数据操作。每个 HRegion 中存储一段 Key 值区间[key1,key2)的数据，HRegionServer 是物理服务器，每个 HRegionServer 上可以启动多个 HRegion 实例。当一个 HRegion 中写入的数据太多，达到配置的阈值时，HRegion 会分裂成两个 HRegion，并将 HRegion 在整个集群中进行迁移，以使 HregionServer 的负载均衡。

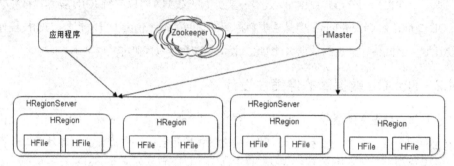

图 6.19　HBase 架构

所有 HRegion 的信息（存储的 Key 值区间、所在 HRegionServer 地址、访问端口号等）都记录在 HMaster 服务器上，为了保证高可用，HBase 启动多个 HMaster，并通过 Zookeeper（一个支持分布式一致性的数据管理服务）选举出一个主服务器，应用程序通过 Zookeeper 获得主 HMaster 的地址，输入 Key 值获得这个 Key 所在的 HRegionServer 地址，然后请求 HRegionServer 上的 HRegion，获得需要的数据。调用时序如图 6.20 所示。

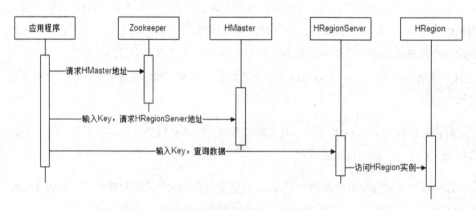

图 6.20　HBase 数据寻址过程时序图

数据写入过程也是一样，需要先得到 HRegion 才能继续操作，HRegion 会把数据存储在若干个叫作 HFile 格式的文件中，这些文件使用 HDFS 分布式文件系统（参考本书第 4 章）存储，在整个集群内分布并高可用。当一个 HRegion 中数据量太多时，HRegion（连同 HFile）会分裂成两个 HRegion，并根据集群中服务器负载进行迁移，如果集群中有新加入的服务器，也就是说有了新的 HRegionServer，由于其负载较低，也会把 HRegion 迁移过去并记录到 HMaster，从而实现 HBase 的线性伸缩。

6.5　小结

伸缩性架构设计能力是网站架构师必须具备的能力。

伸缩性架构设计是简单的，因为几乎所有稍有规模的网站都必须是可伸缩的，有很多案例可供借鉴，同时又有大量商业的、开源的提供伸缩性能力的软硬件产品可供选用。然而伸缩性设计又是复杂的，没有通用的、完美的解决方案和产品，网站伸缩性往往和可用性、正确性、性能等耦合在一起，改善伸缩性可能会影响一些网站的其他特性，网站架构师必须对网站的商业目标、历史演化、技术路线了然于胸，甚至还需要综合考虑技术团队的知识储备和结构、管理层的战略愿景和规划，才能最终做出对网站伸缩性架构最合适的决策。

一个具有良好伸缩性架构设计的网站，其设计总是走在业务发展的前面，在业务需要处理更多访问和服务之前，就已经做好充足准备，当业务需要时，只需要购买或者租用服务器简单部署实施就可以了，技术团队亦可高枕无忧。反之，设计和技术走在业务的后面，采购来的机器根本就没办法加入集群，勉强加了进去，却发现瓶颈不在这里，系统整体处理能力依然上不去。技术团队每天加班，却总是拖公司发展的后腿。架构师对网站伸缩性的把握，一线之间，天堂和地狱。

> 高手定律：这个世界只有遇不到的问题，没有解决不了的问题，高手之所以成为高手，是因为他们遇到了常人很难遇到的问题，并解决了。所以百度有很多广告搜索的高手，淘宝有很多海量数据的高手，QQ 有很多高并发业务的高手，原因大抵如此。一个 100 万用户的网站，不会遇到 1 亿用户同时在线的问题；一个拥有 100 万件商品网站的工程师，可能无法理解一个拥有 10 亿件商品网站的架构。

救世主定律：遇到问题，分析问题，最后总能解决问题。如果遇到问题就急匆匆地从外面挖一个高手，然后指望高手如探囊取物般轻松搞定，最后怕是只有彼此抱怨和伤害。许多问题只是看起来一样，具体问题总是要具体对待的，没有银弹，没有救世主。所以这个定律准确地说应该是"没有救世主定律"。

7

随需应变：网站的可扩展架构

国内某大型互联网企业经常因为对同行的产品进行微创新，然后推出自己的产品而遭人诟病，不讨论这种做法是否合适，我们分析这些产品，发现大多数都比原创产品有更好的用户体验。这些产品常常后来居上，更速度地推出新功能，吸引用户注意，进而占据市场。

微信从发布到拥有 1 亿用户，仅仅用了一年的时间。而据说摇一摇这个功能是两个实习生用一个星期就开发完成上线的。

使用 TOP（Taobao Open API），一个技术熟练的淘宝客网站开发工程师只需要用几个晚上的业余时间就可以开发部署一个炫目的购物导购网站。

如此轻易地就可以开发一个新产品，如此快速地就可以实现一个新功能，他们是如何做到的？

为什么有的网站必须规定系统发布日，一到发布日就如临大敌，整个技术部加班通宵达旦；而有的网站就可以随时发布，新功能可以随时快速上线。

这些都有赖于网站的扩展性架构设计，就是在对现有系统影响最小的情况下，系统功能可持续扩展及提升的能力。

经常听到各种场合中对扩展性和伸缩性的误用，包括许多资深网站架构师也常常混淆两者，用扩展性表示伸缩性。在此，我们澄清下这两个概念。

扩展性（Extensibility）

指对现有系统影响最小的情况下，系统功能可持续扩展或提升的能力。表现在系统基础设施稳定不需要经常变更，应用之间较少依赖和耦合，对需求变更可以敏捷响应。它是系统架构设计层面的**开闭原则**（对扩展开放，对修改关闭），架构设计考虑未来功能扩展，当系统增加新功能时，不需要对现有系统的结构和代码进行修改。

伸缩性（Scalability）

指系统能够通过增加（减少）自身资源规模的方式增强（减少）自己计算处理事务的能力。如果这种增减是成比例的，就被称作线性伸缩性。在网站架构中，通常指利用集群的方式增加服务器数量、提高系统的整体事务吞吐能力。

7.1 构建可扩展的网站架构

开发低耦合系统是软件设计的终极目标之一，这一目标驱动着软件开发技术的创新与发展，从软件与硬件的第一次分离到操作系统的诞生；从汇编语言到面向过程的开发语言，再到面向对象的编程语言；从各种软件工具集到各种开发框架；无不体现着降低软件系统耦合性这一终极目标。可以说，度量一个开发框架、设计模式、编程语言优劣的重要尺度就是衡量它是不是让软件开发过程和软件产品更加低耦合。

显而易见，低耦合的系统更容易扩展，低耦合的模块更容易复用，一个低耦合的系统设计也会让开发过程和维护变得更加轻松和容易管理。一个复杂度为 100 的系统，如果能够分解成没有耦合的两个子系统，那么每个子系统的复杂度不是 50，而可能是 25。当然，完全没有耦合就是没有关系，也就无法组合出一个强大的系统。那么如何分解系统的各个模块、如何定义各个模块的接口、如何复用组合不同的模块构造成一个完整的系统，这是软件设计中最有挑战的部分。

笔者认为，软件架构师最大的价值不在于掌握多少先进的技术，而在于具有将一个大系统切分成 N 个低耦合的子模块的能力，这些子模块包含横向的业务模块，也包含纵向的基础技术模块。这种能力一部分源自专业的技术和经验，还有一部分源自架构师对业务场景的理解、对人性的把握、甚至对世界的认知。

大型网站也常常意味着功能复杂，产品众多。网站为了在市场竞争中胜出，不断推出各种新产品，为了把握市场机会，这些产品从策划到上线，时间非常短暂，技术团队必须在产品设计和需求分析结束之后，快速地开发完成一个新产品。同时经过长期的演化和发展，这些产品之间的关系错综复杂，维护也变得异常困难。这些问题对网站的可扩展架构提出了挑战和要求。

设计网站可扩展架构的核心思想是模块化，并在此基础之上，降低模块间的耦合性，提高模块的复用性。

我们在本书第 6 章讨论过网站通过分层和分割的方式进行架构伸缩，分层和分割也是模块化设计的重要手段，利用分层和分割的方式将软件分割为若干个低耦合的独立的组件模块，这些组件模块以消息传递及依赖调用的方式聚合成一个完整的系统。

在大型网站中，这些模块通过分布式部署的方式，独立的模块部署在独立的服务器（集群）上，从物理上分离模块之间的耦合关系，进一步降低耦合性提高复用性。

模块分布式部署以后具体聚合方式主要有分布式消息队列和分布式服务。

7.2 利用分布式消息队列降低系统耦合性

如果模块之间不存在直接调用，那么新增模块或者修改模块就对其他模块影响最小，这样系统的可扩展性无疑更好一些。

7.2.1 事件驱动架构

事件驱动架构（Event Driven Architecture）：通过在低耦合的模块之间传输事件消息，以保持模块的松散耦合，并借助事件消息的通信完成模块间合作，典型的 EDA 架构就是操作系统中常见的生产者消费者模式。在大型网站架构中，具体实现手段有很多，最常用的是分布式消息队列，如图 7.1 所示。

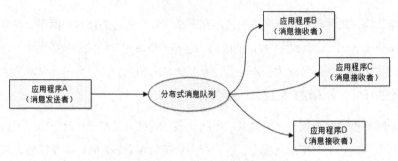

图 7.1 利用消息队列实现的事件驱动架构

消息队列利用发布—订阅模式工作,消息发送者发布消息,一个或者多个消息接收者订阅消息。消息发送者是消息源,在对消息进行处理后将消息发送至分布式消息队列,消息接收者从分布式消息队列获取该消息后继续进行处理。可以看到,消息发送者和消息接收者之间没有直接耦合,消息发送者将消息发送至分布式消息队列即结束对消息的处理,而消息接收者只需要从分布式消息队列获取消息后进行处理,不需要知道该消息从何而来。对新增业务,只要对该类消息感兴趣,即可订阅该消息,对原有系统和业务没有任何影响,从而实现网站业务的可扩展设计。

消息接收者在对消息进行过滤、处理、包装后,构造成一个新的消息类型,将消息继续发送出去,等待其他消息接收者订阅处理该消息。因此基于事件(消息对象)驱动的业务架构可以是一系列的流程。

由于消息发送者不需要等待消息接收者处理数据就可以返回,系统具有更好的响应延迟;同时,在网站访问高峰,消息可以暂时存储在消息队列中等待消息接收者根据自身负载处理能力控制消息处理速度,减轻数据库等后端存储的负载压力。

7.2.2 分布式消息队列

队列是一种先进先出的数据结构,分布式消息队列可以看作将这种数据结构部署到独立的服务器上,应用程序可以通过远程访问接口使用分布式消息队列,进行消息存取操作,进而实现分布式的异步调用,基本原理如图 7.2 所示。

消息生产者应用程序通过远程访问接口将消息推送给消息队列服务器,消息队列服务器将消息写入本地内存队列后立即返回成功响应给消息生产者。消息队列服务器根据消息订阅列表查找订阅该消息的消息消费者应用程序,将消息队列中的消息按照先进先出（FIFO）的原则将消息通过远程通信接口发送给消息消费者程序。

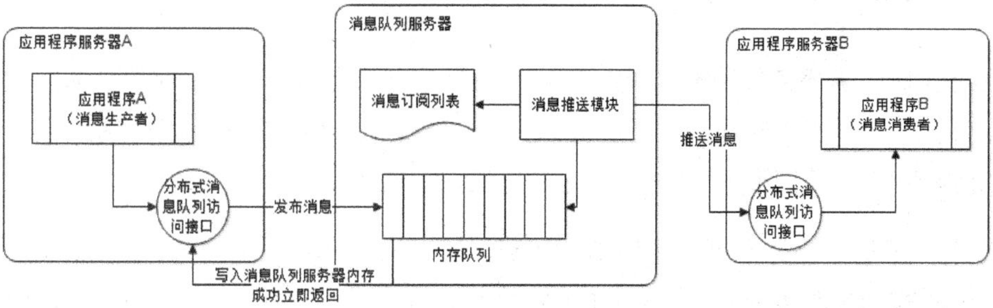

图 7.2　分布式消息队列架构原理

目前开源的和商业的分布式消息队列产品有很多，比较著名的如 Apache ActiveMQ 等，这些产品除了实现分布式消息队列的一般功能，在可用性、伸缩性、数据一致性、性能和可管理性方面也做了很多改善。

在**伸缩性**方面，由于消息队列服务器上的数据可以看作是被即时处理的，因此类似于无状态的服务器，伸缩性设计比较简单。将新服务器加入分布式消息队列集群中，通知生产者服务器更改消息队列服务器列表即可。

在**可用性**方面，为了避免消费者进程处理缓慢、分布式消息队列服务器内存空间不足造成的问题，如果内存队列已满，会将消息写入磁盘，消息推送模块在将内存队列消息处理完以后，将磁盘内容加载到内存队列继续处理。

为了避免消息队列服务器宕机造成消息丢失，会将消息成功发送到消息队列的消息存储在消息生产者服务器，等消息真正被消息消费者服务器处理后才删除消息。在消息队列服务器宕机后，生产者服务器会选择分布式消息队列服务器集群中其他的服务器发布消息。

分布式消息队列可以很复杂，比如可以支持 ESB（企业服务总线）、支持 SOA（面向服务的架构）等；也可以很简单，比如用 MySQL 也可以当作分布式消息队列：消息生产者程序将消息当作数据记录写入数据库，消息消费者程序查询数据库并按记录写入时间戳排序，就实现了一个事实上的分布式消息队列，而且这个消息队列使用成熟的 MySQL 运维手段，也可以达到较高的可用性和性能指标。

7.3 利用分布式服务打造可复用的业务平台

使用分布式服务是降低系统耦合性的另一个重要手段。如果说分布式消息队列通过消息对象分解系统耦合性，不同子系统处理同一个消息；那么分布式服务则通过接口分解系统耦合性，不同子系统通过相同的接口描述进行服务调用。

回顾网站架构发展历程，网站在由小到大的演化过程中，表现为整个网站是由单一应用系统逐步膨胀发展变化而来，随着网站功能的日益复杂，网站应用系统会逐渐成为一个巨无霸，如图7.3所示。一个应用中聚合了大量的应用和服务组件，这个巨无霸给整个网站的开发、维护、部署都带来了巨大的麻烦。

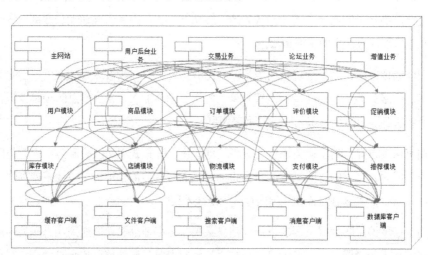

图 7.3　巨无霸系统示意图

巨无霸应用系统带来如下几点问题。

1. 编译、部署困难：对于网站开发工程师而言，打包构建一个巨型应用是一件痛苦的事情，也许只是修改了一行代码，输入 build 命令后，抽完一支烟，回来一看，还在building；又去喝了一杯水，回来一看，还在 building；又去了一次厕所，回来一看，还在building；好不容易 build 结束，一看编译失败，还得重来……

2. 代码分支管理困难：复用的代码模块由多个团队共同维护修改，代码 merge 的时候总会发生冲突。代码 merge 一般发生在网站发布的时候，经常和发布过程中出现的其他问题互相纠结在一起，顾此失彼，导致每次发布都要拖到半夜三更。

3. 数据库连接耗尽：巨型的应用、大量的访问，必然需要将这个应用部署在一个大规模的服务器集群上，应用与数据库的连接通常使用数据库连接池，以每个应用10个连接计，一个数百台服务器集群的应用将需要在数据库上创建数千个连接。数据库服务器上，每个连接都会占用一些昂贵的系统资源，以至于数据库缺乏足够的系统资源进行一般的数据操作。

4. 新增业务困难：想要在一个已经如乱麻般的系统中增加新业务，维护旧功能，难度可想而知：一脚踩进去，发现全都是雷，什么都不敢碰。许多新工程师来公司半年了，还是不能接手业务，因为不知道水有多深。于是就出现这种怪现象：熟悉网站产品的"老人"忙得要死，加班加点干活；不熟悉网站产品的新人一帮忙就出乱，跟着加班加点；整个公司热火朝天，加班加点，却还是经常出故障，新产品迟迟不能上线。

解决方案就是拆分，将模块独立部署，降低系统耦合性。拆分可以分为纵向拆分和横向拆分两种。

纵向拆分：将一个大应用拆分为多个小应用，如果新增业务较为独立，那么就直接将其设计部署为一个独立的 Web 应用系统。

横向拆分：将复用的业务拆分出来，独立部署为分布式服务，新增业务只需要调用这些分布式服务，不需要依赖具体的模块代码，即可快速搭建一个应用系统，而模块内业务逻辑变化的时候，只要接口保持一致就不会影响业务程序和其他模块。如图 7.4 所示。

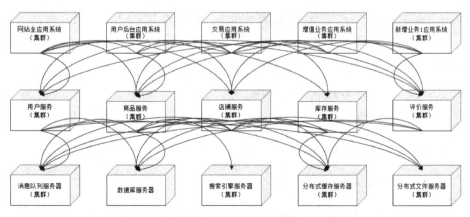

图 7.4 业务及模块拆分独立部署的分布式服务架构

纵向拆分相对较为简单，通过梳理业务，将较少相关的业务剥离，使其成为独立的 Web 应用。而对于横向拆分，不但需要识别可复用的业务，设计服务接口，规范服务依赖关系，还需要一个完善的分布式服务管理框架。

7.3.1　Web Service 与企业级分布式服务

Web Service 曾经是企业应用系统开发领域最时髦的词汇之一，用以整合异构系统及构建分布式系统。Web Service 原理架构如图 7.5 所示。

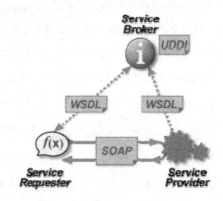

图 7.5　WebService 架构原理

（图片来源：http://zh.wikipedia.org/zh/Web%E6%9C%8D%E5%8A%A1）

服务提供者通过 WSDL（Web Services Description Language，Web 服务描述语言）向注册中心（Service Broker）描述自身提供的服务接口属性，注册中心使用 UDDI（Universal Description, Discovery, and Integration，统一描述、发现和集成）发布服务提供者提供的服务，服务请求者从注册中心检索到服务信息后，通过 SOAP（Simple Object Access Protocol，简单对象访问协议）和服务提供者通信，使用相关服务。

Web Service 虽然有成熟的技术规范和产品实现，并在企业应用领域有许多成功的案例，但也有如下固有的缺点。

1. 臃肿的注册与发现机制。

2. 低效的 XML 序列化手段。

3. 开销相对较高的 HTTP 远程通信。

4. 复杂的部署与维护手段。

这些问题导致 Web Service 难以满足大型网站对系统高性能、高可用、易部署、易维护的要求。

7.3.2　大型网站分布式服务的需求与特点

对于大型网站，除了 Web Service 所提供的服务注册与发现，服务调用等标准功能，还需要分布式服务框架能够支持如下特性。

负载均衡

对热门服务，比如登录服务或者商品服务，访问量非常大，服务需要部署在一个集群上。分布式服务框架要能够支持服务请求者使用可配置的负载均衡算法访问服务，使服务提供者集群实现负载均衡。

失效转移

可复用的服务通常会被多个应用调用，一旦该服务不可用，就会影响到很多应用的可用性。因此对于大型网站的分布式服务而言，即使是很少访问的简单服务，也需要集群部署，分布式服务框架支持服务提供者的失效转移机制，当某个服务实例不可用，就将访问切换到其他服务实例上，以实现服务整体高可用。

高效的远程通信

对于大型网站，核心服务每天的调用次数会达到数以亿计，如果没有高效的远程通信手段，服务调用会成为整个系统性能的瓶颈。

整合异构系统

由于历史发展和组织分割，网站服务可能会使用不同的语言开发并部署于不同的平台，分布式服务框架需要整合这些异构的系统。

对应用最少侵入

网站技术是为业务服务的，是否使用分布式服务需要根据业务发展规划，分布式服务也需要渐进式的演化，甚至会出现反复，即使用了分布式服务后又退回到集中式部署，分布式服务框架需要支持这种渐进式演化和反复。当然服务模块本身需要支持可集中式部署，也可分布式部署。

版本管理

为了应对快速变化的需求，服务升级不可避免，如果仅仅是服务内部实现逻辑升级，那么这种升级对服务请求者而言是透明的，无需关注。但如果服务的访问接口也发生了变化，就需要服务请求者和服务提供者同时升级才不会导致服务调用失败。企业应用系统可以申请停机维护，同时升级接口。但是网站服务不可能中断，因此分布式服务框架需要支持服务多版本发布，服务提供者先升级接口发布新版本的服务，并同时提供旧版本的服务供请求者调用，当请求者调用接口升级后才可以关闭旧版本服务。

实时监控

对于网站应用而言，没有监控的服务是不可能实现高可用的。分布式服务框架还需要监控服务提供者和调用者的各项指标，提供运维和运营支持。

7.3.3 分布式服务框架设计

大型网站需要更简单更高效的分布式服务框架构建其 SOA（Service Oriented Architecture 面向服务的体系架构）。据称 Facebook 利用 Thrift（一个开源的远程服务调用框架）管理其分布式服务，服务的注册、发现及调用都通过 Thrift 完成，但对于一个大型网站可以使用的分布式服务框架，仅有 Thrift 还远远不够，遗憾的是，Facebook 没有开源其基于 Thrift 的分布式服务框架。目前国内有较多成功实施案例的开源分布式服务框架是阿里巴巴的 Dubbo（http://code.alibabatech.com/wiki/display/dubbo/Home/）。

我们以阿里巴巴分布式开源框架 Dubbo 为例，分析其架构设计，如图 7.6 所示。

服务消费者程序通过服务接口使用服务，而服务接口通过代理加载具体服务，具体服务可以是本地的代码模块，也可以是远程的服务，因此对应用较少侵入：应用程序只需要调用服务接口，服务框架根据配置自动调用本地或远程实现。

服务框架客户端模块通过服务注册中心加载服务提供者列表（服务提供者启动后自动向服务注册中心注册自己可提供的服务接口列表），查找需要的服务接口，并根据配置的负载均衡策略将服务调用请求发送到某台服务提供者服务器。如果服务调用失败，客户端模块会自动从服务提供者列表选择一个可提供同样服务的另一台服务器重新请求服务，实现服务的自动失效转移，保证服务高可用。

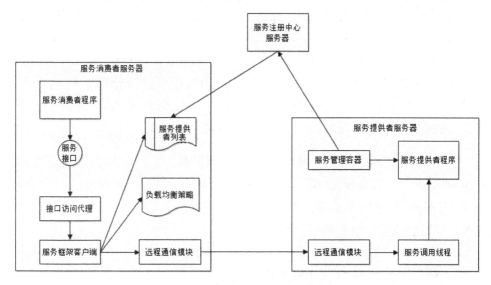

图 7.6　分布式服务框架 Dubbo 的架构原理

Dubbo 的远程服务通信模块支持多种通信协议和数据序列化协议，使用 NIO 通信框架，具有较高的网络通信性能。

7.4　可扩展的数据结构

传统的关系数据库为了保证关系运算（通过 SQL 语句）的正确性，在设计数据库表结构的时候，就需要指定表的 schema——字段名称，数据类型等，并要遵循特定的设计范式。这些规范带来的一个问题就是僵硬的数据结构难以面对需求变更带来的挑战，有些应用系统设计者通过预先设计一些冗余字段来应对，不过显然这是一种糟糕的数据库设计。

那么有没有办法能够做到可扩展的数据结构设计呢？无需修改表结构就可以新增字段呢？许多 NoSQL 数据库使用的 ColumnFamily（列族）设计就是一个解决方案。ColumnFamily 最早在 Google 的 Bigtable 中使用,这是一种面向列族的稀疏矩阵存储格式,如表 7.1 所示。

表 7.1　ColumnFamily 数据存储格式

Key	联系方式（Column Family）			课程成绩（Column Family）		
001	Weibo：li_zhihui	分机：233		历史：85		地理：77
002		分机：809	QQ：523		英语：78	地理：87
003		分机：523	QQ：908	历史：91	英语：88	

　　这是一个学生的基本信息表，不同学生的联系方式各不相同，选修的课程也不同，而且在将来会有更多联系方式和课程加入到这张表，如果按照传统的关系数据库设计，无论提前预设多少冗余字段都会捉襟见肘，疲于应付。

　　而使用支持 ColumnFamily 结构的 NoSQL 数据库，创建表的时候，只需要指定 ColumnFamily 的名字，无需指定字段（Column），可以在数据写入时再指定，通过这种方式，数据表可以包含数百万的字段，使得应用程序的数据结构可以随意扩展。而在查询时，可以通过指定任意字段名称和值进行查询。

7.5　利用开放平台建设网站生态圈

　　网站的价值在于为他的用户创造价值，淘宝的价值在于为人们创造交易的平台；QQ 的价值在于为人们创造交流的平台；新浪微博的价值在于为人们创造表达自我的平台。只有用户得到了他们想要的价值，他们才愿意使用网站的服务，网站的存在才有意义。但是淘宝有上千万卖家和数亿买家，光靠淘宝一个公司不可能满足所有用户的需求，同样，腾讯、新浪微博也无法面面俱到照顾好如此庞大的用户群。

　　另一方面，用户却不需要为网站提供的价值而买单。没有人需要为自己在 QQ 上聊天，在淘宝上购物，在新浪发微博而付费。网站必须提供更多的增值服务才能赚钱。比如，QQ 可以卖各种钻石会员服务，淘宝可以出卖商品排名赚钱，新浪微博靠植入广告也能赚点钱。根据长尾效应，这些增值服务的数量越是庞大，种类越是繁多，盈利也就越多。同样，一个网站自己能够开发出的增值服务也是有限的。

　　大型网站为了更好地服务自己的用户，开发更多的增值服务，会把网站内部的服务封装成一些调用接口开放出去，供外部的第三方开发者使用，这个提供开放接口的平台被称作开放平台。第三方开发者利用这些开放的接口开发应用程序（APP）或者网站，为更多的用户提供价值。网站、用户、第三方开发者互相依赖，形成一个网站的生态圈，既为用户提供更多的价值，也提高了网站和第三方开发者的竞争能力和盈利能力。

目前百度、淘宝、腾讯等国内互联网巨头都建设有自己的开放平台，力图利用自己庞大的用户群吸引第三方开发者，打造一个更加庞大的航母战斗群，在市场竞争中呼风唤雨，立于不败之地。

开放平台是网站内部和外部交互的接口，外部需要面对众多的第三方开发者，内部需要面对网站内诸多的业务服务。虽然每个网站的业务场景和需求都各不相同，但是开放平台的架构设计却大同小异，如图 7.7 所示。

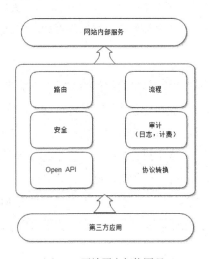

图 7.7 开放平台架构原理

API 接口：是开放平台暴露给开发者使用的一组 API，其形式可以是 RESTful、WebService、RPC 等各种形式。

协议转换：将各种 API 输入转换成内部服务可以识别的形式，并将内部服务的返回封装成 API 的格式。

安全：除了一般应用需要的身份识别、权限控制等安全手段，开放平台还需要分级的访问带宽限制，保证平台资源被第三方应用公平合理使用，也保护网站内部服务不会被外部应用拖垮。

审计：记录第三方应用的访问情况，并进行监控、计费等。

路由：将开放平台的各种访问路由映射到具体的内部服务。

流程：将一组离散的服务组织成一个上下文相关的新服务，隐藏服务细节，提供统一接口供开发者调用。

7.6 小结

网站通过不断试错，在残酷的市场中寻找自己的竞争优势，持续地推出新功能，发现达不到预期，就立马下线。所以我们看到网站总是不停地推出新功能，发布新产品。打开 Google 首页的"更多"链接，Google 产品分门别类一大堆，这还只是 Google 重点推广的产品中的一小部分。这些走马灯般出现的产品背后则是网站工程师辛勤的工作和汗水。

既然我们知道网站不停上新产品是其生存的本能，谁能更快更好地推出更多的新产品，谁就活得更滋润，那么工程师就要做好准备应付这种局面。马克思的劳动价值理论告诉我们，产品的内在价值在于劳动的时间，劳动的时间不在于个体付出的劳动时间，而在于行业一般劳动时间，资本家只会为行业一般劳动时间买单，如果你的效率低于行业一般劳动时间，对不起，请你自愿加班。反之，如果你有一个更具有扩展性的网站架构，可以更快速地开发新产品，也许你也享受不了只上半天班的福利，但是至少在这个全行业加班的互联网领域，你能够按时下班，陪陪家人，看看星星。

8

固若金汤：网站的安全架构

从互联网诞生起，安全威胁就一直伴随着网站的发展，各种 Web 攻击和信息泄露也从未停止。2011 年中国互联网领域爆出两桩比较大的安全事故，一桩是新浪微博遭 XSS 攻击，另一桩是以 CSDN 为代表的多个网站泄露用户密码和个人信息。特别是后者，因为影响人群广泛，部分受影响网站涉及用户实体资产和交易安全，一时成为舆论焦点。

让我们先回顾一下这两起事故。

2011 年 6 月 28 日，许多微博用户发现自己"中毒"，自动关注了一个叫 hellosamy 的用户，并发布含有病毒的微博，粉丝点击后微博再度扩散，短时间内大量用户中招，数小时后新浪微博修复漏洞。

2011 年 12 月，网上有人发布消息称 CSDN 网站 600 万用户资料和密码被泄露，很快该消息得到 CSDN 官方承认，紧接着，天涯社区、人人网等多个重要网站被报告泄露用户数据。

那么新浪微博是如何被攻击的？CSDN 的密码为何会泄露？如何防护网站免遭攻击，保护好用户的敏感信息呢？有没有百毒不侵、固若金汤的网站呢？

8.1 道高一尺魔高一丈的网站应用攻击与防御

攻击新浪微博的手段被称作 XSS 攻击，它和 SQL 注入攻击构成网站应用攻击最主要的两种手段，全球大约 70% 的 Web 应用攻击都来自 XSS 攻击和 SQL 注入攻击。此外，常用的 Web 应用还包括 CSRF、Session 劫持等手段。

8.1.1 XSS 攻击

XSS 攻击即跨站点脚本攻击（Cross Site Script），指黑客通过篡改网页，注入恶意 HTML 脚本，在用户浏览网页时，控制用户浏览器进行恶意操作的一种攻击方式。

常见的 XSS 攻击类型有两种，一种是反射型，攻击者诱使用户点击一个嵌入恶意脚本的链接，达到攻击的目的，如图 8.1 所示。上文提到的新浪微博攻击就是一种反射型 XSS 攻击。攻击者发布的微博中有一个含有恶意脚本的 URL（在实际应用中，该脚本在攻击者自己的服务器 www.2kt.cn，URL 中包含脚本的链接），用户点击该 URL，脚本会自动关注攻击者的新浪微博 ID，发布含有恶意脚本 URL 的微博，攻击就被扩散了。

这次攻击还只是一次恶作剧而已，现实中，攻击者可以采用 XSS 攻击，偷取用户 Cookie、密码等重要数据，进而伪造交易、盗窃用户财产、窃取情报。

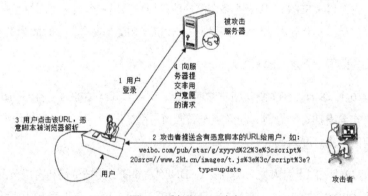

图 8.1 反射型 XSS 攻击

另外一种 XSS 攻击是持久型 XSS 攻击，黑客提交含有恶意脚本的请求，保存在被攻击的 Web 站点的数据库中，用户浏览网页时，恶意脚本被包含在正常页面中，达到攻击的目的，如图 8.2 所示。此种攻击经常使用在论坛，博客等 Web 应用中。

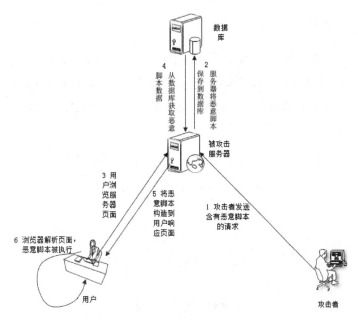

图 8.2 持久型 XSS 攻击

XSS 攻击相对而言是一种"古老"的攻击手段，却又历久弥新，不断变化出新的攻击花样，许多以前认为不可能用来攻击的漏洞也逐渐被攻击者利用。因此 XSS 防攻击也是非常复杂的。主要手段有如下两种。

消毒

XSS 攻击者一般都是通过在请求中嵌入恶意脚本达到攻击的目的，这些脚本是一般用户输入中不使用的，如果进行过滤和消毒处理，即对某些 html 危险字符转义，如">"转义为">"、"<"转义为"<"等，就可以防止大部分攻击。为了避免对不必要的内容错误转义，如"3<5"中的"<"需要进行文本匹配后再转义，如"<img src="这样的上下文中的"<"才转义。事实上，消毒几乎是所有网站最必备的 XSS 防攻击手段。

HttpOnly

最早由微软提出，即浏览器禁止页面 JavaScript 访问带有 HttpOnly 属性的 Cookie。HttpOnly 并不是直接对抗 XSS 攻击的，而是防止 XSS 攻击者窃取 Cookie。对于存放敏感信息的 Cookie，如用户认证信息等，可通过对该 Cookie 添加 HttpOnly 属性，避免被攻击脚本窃取。

8.1.2　注入攻击

注入攻击主要有两种形式，SQL 注入攻击和 OS 注入攻击。SQL 注入攻击的原理如图 8.3 所示。攻击者在 HTTP 请求中注入恶意 SQL 命令（drop table users;），服务器用请求参数构造数据库 SQL 命令时，恶意 SQL 被一起构造，并在数据库中执行。

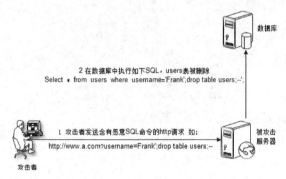

图 8.3　SQL 注入攻击

SQL 注入攻击需要攻击者对数据库结构有所了解才能进行，攻击者获取数据库表结构信息的手段有如下几种。

开源

如果网站采用开源软件搭建，如用 Discuz!搭建论坛网站，那么网站数据库结构就是公开的，攻击者可以直接获得。

错误回显

如果网站开启错误回显，即服务器内部 500 错误会显示到浏览器上。攻击者通过故意构造非法参数，使服务端异常信息输出到浏览器端，为攻击猜测数据库表结构提供了便利。

盲注

网站关闭错误回显，攻击者根据页面变化情况判断 SQL 语句的执行情况，据此猜测数据库表结构，此种方式攻击难度较大。

防御 SQL 注入攻击首先要避免被攻击者猜测到表名等数据库表结构信息，此外还可以采用如下方式。

消毒

和防 XSS 攻击一样，请求参数消毒是一种比较简单粗暴又有效的手段。通过正则匹配，过滤请求数据中可能注入的 SQL，如"drop table"、"\b(?:update\b.*?\bset |delete\b\W*?\bfrom)\b"等。

参数绑定

使用预编译手段，绑定参数是最好的防 SQL 注入方法。目前许多数据访问层框架，如 IBatis，Hibernate 等，都实现 SQL 预编译和参数绑定，攻击者的恶意 SQL 会被当做 SQL 的参数，而不是 SQL 命令被执行。

除了 SQL 注入，攻击者还根据具体应用，注入 OS 命令、编程语言代码等，利用程序漏洞，达到攻击目的。

8.1.3　CSRF 攻击

CSRF（Cross Site Request Forgery，跨站点请求伪造），攻击者通过跨站请求，以合法用户的身份进行非法操作，如转账交易、发表评论等，如图 8.4 所示。CSRF 的主要手法是利用跨站请求，在用户不知情的情况下，以用户的身份伪造请求。其核心是利用了浏览器 Cookie 或服务器 Session 策略，盗取用户身份。

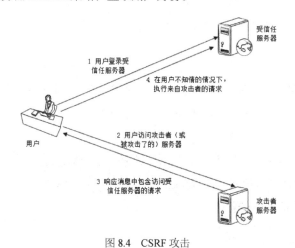

图 8.4　CSRF 攻击

相应地，CSRF 的防御手段主要是识别请求者身份。主要有下面几种方法。

表单 Token

CSRF 是一个伪造用户请求的操作，所以需要构造用户请求的所有参数才可以。表单 Token 通过在请求参数中增加随机数的办法来阻止攻击者获得所有请求参数：在页面表单中增加一个随机数作为 Token，每次响应页面的 Token 都不相同，从正常页面提交的请求会包含该 Token 值，而伪造的请求无法获得该值，服务器检查请求参数中 Token 的值是否存在并且正确以确定请求提交者是否合法。

验证码

相对说来，验证码则更加简单有效，即请求提交时，需要用户输入验证码，以避免在用户不知情的情况下被攻击者伪造请求。但是输入验证码是一个糟糕的用户体验，所以请在必要时使用，如支付交易等关键页面。

Referer check

HTTP 请求头的 Referer 域中记录着请求来源，可通过检查请求来源，验证其是否合法。很多网站使用这个功能实现图片防盗链（如果图片访问的页面来源不是来自自己网站的网页就拒绝）。

8.1.4 其他攻击和漏洞

除了上面提到的常见攻击，还有一些漏洞也常被黑客利用。

Error Code

也称作错误回显，许多 Web 服务器默认是打开异常信息输出的，即服务器端未处理的异常堆栈信息会直接输出到客户端浏览器，这种方式虽然对程序调试和错误报告有好处，但同时也给黑客造成可乘之机。通过故意制造非法输入，使系统运行时出错，获得异常信息，从而寻找系统漏洞进行攻击。防御手段也很简单，通过配置 Web 服务器参数，跳转 500 页面（HTTP 响应码 500 表示服务器内部错误）到专门的错误页面即可， Web 应用常用的 MVC 框架也有这个功能。

HTML 注释

为调试程序方便或其他不恰当的原因，有时程序开发人员会在 PHP、JSP 等服务器页面程序中使用 HTML 注释语法进行程序注释，这些 HTML 注释就会显示在客户端浏览器，给黑客造成攻击便利。程序最终发布前需要进行代码 review 或自动扫描，避免 HTML 注释漏洞。

文件上传

一般网站都会有文件上传功能，设置头像、分享视频、上传附件等。如果上传的是可执行的程序，并通过该程序获得服务器端命令执行能力，那么攻击者几乎可以在服务器上为所欲为，并以此为跳板攻击集群环境的其他机器。最有效的防御手段是设置上传文件白名单，只允许上传可靠的文件类型。此外还可以修改文件名、使用专门的存储等手段，保护服务器免受上传文件攻击。

路径遍历

攻击者在请求的 URL 中使用相对路径，遍历系统未开放的目录和文件。防御方法主要是将 JS、CSS 等资源文件部署在独立服务器、使用独立域名，其他文件不使用静态 URL 访问，动态参数不包含文件路径信息。

8.1.5　Web 应用防火墙

网站面临的安全问题复杂多样，各种攻击手段日新月异，新型漏洞不断被报告。如果有一款产品能够统一拦截请求，过滤恶意参数，自动消毒、添加 Token，并且能够根据最新攻击和漏洞情报，不断升级对策，处理掉大多数令人头痛的网站攻击，就是一件很美妙的事了。

非常幸运，真的有这样的产品——ModSecurity。

ModSecurity 是一个开源的 Web 应用防火墙，探测攻击并保护 Web 应用程序，既可以嵌入到 Web 应用服务器中，也可以作为一个独立的应用程序启动。ModSecurity 最早只是 Apache 的一个模块，现在已经有 Java、.NET 多个版本，并支持 Nginx。

ModSecurity 采用处理逻辑与攻击规则集合分离的架构模式。处理逻辑（执行引擎）负责请求和响应的拦截过滤，规则加载执行等功能。而攻击规则集合则负责描述对具体攻击的规则定义、模式识别、防御策略等功能（可以通过文本方式进行描述）。处理逻辑比较稳定，规则集合需要不断针对漏洞进行升级，这是一种可扩展的架构设计，如图 8.5 所示。

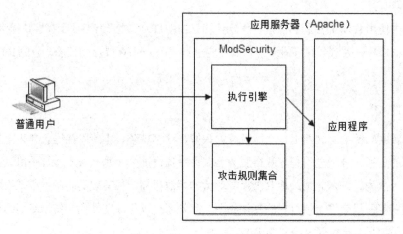

图 8.5　ModSecurity 架构原理

除了开源的 ModeSecurity，还有一些商业产品也实现 Web 应用防火墙功能，如 NEC 的 SiteShell。

8.1.6　网站安全漏洞扫描

和计算机安全漏洞扫描一样，网站也需要安全漏洞扫描。

网站安全漏洞扫描工具是根据内置规则，构造具有攻击性的 URL 请求，模拟黑客攻击行为，用以发现网站安全漏洞的工具。许多大型网站的安全团队都有自己开发的漏洞扫描工具，不定期地对网站的服务器进行扫描，查漏补缺。市场上也有很多商用的网站安全漏洞扫描平台。

8.2　信息加密技术及密钥安全管理

2011 年 12 月被曝的 CSDN 密码泄露事故中，网站安全措施不力，导致用户数据库被黑客"拖库"并不稀奇，令人错愕的是数据库中的用户密码居然是明文保存，导致密码泄露，成为地下黑市交易的商品。

通常，为了保护网站的敏感数据，应用需要对这些信息进行加密处理，信息加密技术可分为三类：单向散列加密、对称加密和非对称加密。

8.2.1 单向散列加密

单向散列加密是指通过对不同输入长度的信息进行散列计算，得到固定长度的输出，这个散列计算过程是单向的，即不能对固定长度的输出进行计算从而获得输入信息，如图 8.6 所示。

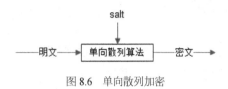

图 8.6 单向散列加密

利用单向散列加密的这个特性，可以进行密码加密保存，即用户注册时输入的密码不直接保存到数据库，而是对密码进行单向散列加密，将密文存入数据库，用户登录时，进行密码验证，同样计算得到输入密码的密文，并和数据库中的密文比较，如果一致，则密码验证成功，具体过程如图 8.7 所示。

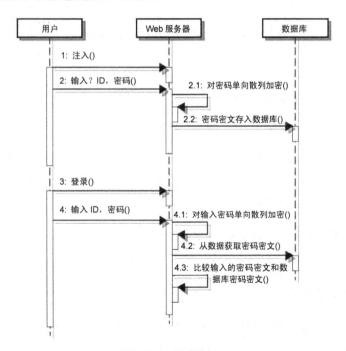

图 8.7 密码保存与验证

这样保存在数据库中的是用户输入的密码的密文，而且不可逆地计算得到密码的明文，因此即使数据库被"拖库"，也不会泄露用户的密码信息。

虽然不能通过算法将单向散列密文反算得到明文，但是由于人们设置密码具有一定的模式，因此通过彩虹表（人们常用密码和对应的密文关系表）等手段可以进行猜测式破解。

为了加强单向散列计算的安全性，还会给散列算法加点盐（salt），salt 相当于加密的密钥，增加破解的难度。

常用的单向散列算法有 MD5、SHA 等。单向散列算法还有一个特点就是输入的任何微小变化都会导致输出的完全不同，这个特性有时也会被用来生成信息摘要、计算具有高离散程度的随机数等用途。

8.2.2　对称加密

所谓对称加密是指加密和解密使用的密钥是同一个密钥（或者可以互相推算），如图 8.8 所示。

对称加密通常用在信息需要安全交换或存储的场合，如 Cookie 加密、通信加密等。

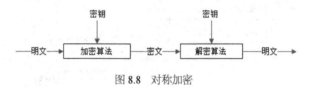

图 8.8　对称加密

对称加密的优点是算法简单，加解密效率高，系统开销小，适合对大量数据加密。缺点是加解密使用同一个密钥，远程通信的情况下如何安全的交换密钥是个难题，如果密钥丢失，那么所有的加密信息也就没有秘密可言了。

常用的对称加密算法有 DES 算法、RC 算法等。对称加密是一种传统加密手段，也是最常用的加密手段，适用于绝大多数需要加密的场合。

8.2.3　非对称加密

不同于对称加密，非对称加密和解密使用的密钥不是同一密钥，其中一个对外界公开，被称作公钥，另一个只有所有者知道，被称作私钥。用公钥加密的信息必须用私钥才能解开，反之，用私钥加密的信息只有用公钥才能解开，如图 8.9 所示。理论上说，不可能通过公钥计算获得私钥。

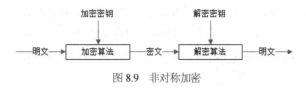

图 8.9　非对称加密

非对称加密技术通常用在信息安全传输，数字签名等场合。

信息发送者 A 通过公开渠道获得信息接收者 B 的公钥，对提交信息进行加密，然后通过非安全传输通道将密文信息发送给 B，B 得到密文信息后，用自己的私钥对信息进行解密，获得原始的明文信息。即使密文信息在传输过程中遭到窃取，窃取者没有解密密钥也无法还原明文。

数字签名的过程则相反，签名者用自己的私钥对信息进行加密，然后发送给对方，接收方用签名者的公钥对信息进行解密，获得原始明文信息，由于私钥只有签名者拥有，因此该信息是不可抵赖的，具有签名的性质。

在实际应用中，常常会混合使用对称加密和非对称加密。先使用非对称加密技术对对称密钥进行安全传输，然后使用对称加密技术进行信息加解密与交换。而有时，对同一个数据两次使用非对称加密，可同时实现信息安全传输与数字签名的目的。

非对称加密的常用算法有 RSA 算法等。HTTPS 传输中浏览器使用的数字证书实质上是经过权威机构认证的非对称加密的公钥。

8.2.4　密钥安全管理

前述的几种加密技术，能够达到安全保密效果的一个重要前提是密钥的安全。不管是单向散列加密用到的 salt、对称加密的密钥、还是非对称加密的私钥，一旦这些密钥泄露出去，那么所有基于这些密钥加密的信息就失去了秘密性。

信息的安全是靠密钥保证的。但在实际中经常看到，有的工程师把密钥直接写在源代码中，稍好一点的写在配置文件中，线上和开发环境配置不同的密钥。总之密钥本身是以明文的方式保存，并且很多人可以接触到，至少在公司内部，密钥不是秘密。

实践中，改善密钥安全性的手段有两种。

一种方案是把密钥和算法放在一个独立的服务器上，甚至做成一个专用的硬件设施，对外提供加密和解密服务，应用系统通过调用这个服务，实现数据的加解密。由于密钥和算法独立部署，由专人维护，使得密钥泄露的概率大大降低。但是这种方案成本较高，而且有可能会成为应用的瓶颈，每次加密、解密都需要进行一次远程服务调用，系统性能开销也较大。

另一种方案是将加解密算法放在应用系统中，密钥则放在独立服务器中，为了提高密钥的安全性，实际存储时，密钥被切分成数片，加密后分别保存在不同存储介质中，兼顾密钥安全性的同时又改善了性能，如图 8.10 所示。

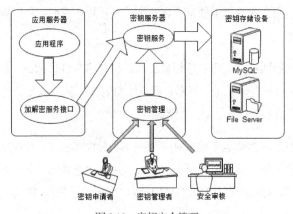

图 8.10　密钥安全管理

应用程序调用密钥安全管理系统提供的加解密服务接口对信息进行加解密，该接口实现了常用的加密解密算法并可根据需求任意扩展。加解密服务接口通过密钥服务器的密钥服务取得加解密密钥，并缓存在本地（定时更新）。而密钥服务器中的密钥则来自多个密钥存储服务器，一个密钥分片后存储在多个存储服务器中，每个服务器都有专人负责管理。密钥申请者、密钥管理者、安全审核人员通过密钥管理控制台管理更新密钥，每个人各司其事，没有人能查看完整的密钥信息。

8.3　信息过滤与反垃圾

我国的信息过滤技术是走在世界前列的，尽管如此，在各种社区网站和个人邮箱中，广告和垃圾信息仍然屡见不鲜、泛滥成灾。

常用的信息过滤与反垃圾手段有以下几种。

8.3.1　文本匹配

文本匹配主要解决敏感词过滤的问题。通常网站维护一份敏感词列表，如果用户发表的信息含有列表中的敏感词，则进行消毒处理（将敏感词转义为***）或拒绝发表。

那么如何快速地判断用户信息中是否含有敏感词呢？如果敏感词比较少，用户提交信息文本长度也较短，可直接使用正则表达式匹配。但是正则表达式的效率一般较差，当敏感词很多，用户发布的信息也很长，网站并发量较高时，就需要更合适的方法来完成，这方面公开的算法有很多，基本上都是 Trie 树的变种，空间和时间复杂度都比较好的有双数组 Trie 算法等。

Trie 算法的本质是确定一个有限状态自动机，根据输入数据进行状态转移。双数组 Trie 算法优化了 Trie 算法，利用两个稀疏数组存储树结构，base 数组存储 Trie 树的节点，check 数组进行状态检查。双数组 Trie 需要根据业务场景和经验确定数组大小，避免数组过大或者冲突过多。

另一种更简单的实现是通过构造多级 Hash 表进行文本匹配。假设敏感词表包含敏感词：阿拉伯、阿拉汗、阿油、北京、北大荒、北风。那么可以构造如图 8.11 所示的过滤树，用户提交的信息逐字顺序在过滤树中匹配。过滤树的分支可能会比较多，为了提高匹配速度，减少不必要的查找，同一层中相同父节点的字可放在 Hash 表中。该方案处理速度较快，稍加变形，即可适应各种过滤场景，缺点是使用 Hash 表会浪费部分内存空间，如果网站敏感词数量不多，浪费部分内存还是可以接受的。

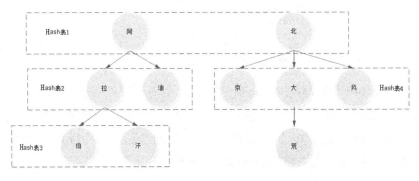

图 8.11　敏感词过滤树

有时候，为了绕过敏感词检查，某些输入信息会被做一些手脚，如"阿_拉_伯"，这时候还需要对信息做降噪预处理，然后再进行匹配。

8.3.2　分类算法

早期网站识别垃圾信息的主要手段是人工方式，后台运营人员对信息进行人工审核。对大型网站而言，特别是以社交为主的 Web2.0 网站，如 Facebook 或 Linkedin 这样的网站，每天用户提交的信息数千万计，许多垃圾信息混杂其中，影响用户体验；而对于 B2B 类的电子商务交易撮合网站，用户主要通过站内信等手段进行商品信息咨询，有时候站内信充斥大量广告，甚至淹没正常询盘，引起用户严重不满和投诉。

对如此海量的信息进行人工审核是不现实的，对广告贴、垃圾邮件等内容的识别比较好的自动化方法是采用分类算法。

以反垃圾邮件为例说明分类算法的使用，如图 8.12 所示。先将批量已分类的邮件样本（如 50000 封正常邮件，2000 封垃圾邮件）输入分类算法进行训练，得到一个垃圾邮件分类模型，然后利用分类算法结合分类模型对待处理邮件进行识别。

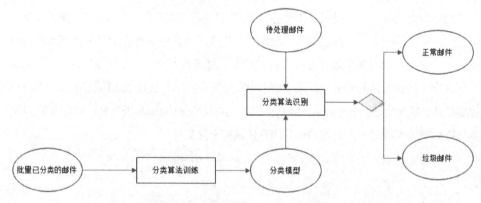

图 8.12　利用分类算法识别垃圾邮件

比较简单实用的分类算法有贝叶斯分类算法，这是一种利用概率统计方法进行分类的算法。贝叶斯算法解决概率论中的一个典型问题：一号箱子放有红色球和白色球各 20 个，二号箱子放有白色球 10 个，红色球 30 个，现在随机挑选一个箱子，取出来一个球的颜色是红色的，请问这个球来自一号箱子的概率是多少。

利用贝叶斯算法进行垃圾邮件的识别基于同样原理，根据已分类的样本信息获得一组特征值的概率，如"茶叶"这个词出现在垃圾邮件中的概率为 20%，出现在非垃圾邮件中的概率为 1%，就得到分类模型。然后对待处理邮件提取特征值，比如取到了茶叶这个特征值，结合分类模型，就可以判断其分类。贝叶斯算法得到的分类判断是一个概率值，因此会存在误判（非垃圾邮件判为垃圾邮件）和漏判（垃圾邮件判为非垃圾邮件）。

贝叶斯算法认为特征值之间是独立的，所以也被称作是朴素贝叶斯算法（Naive Bayes），这个假设很多时候是不成立的，特征值之间具有关联性，通过对朴素贝叶斯算法增加特征值的关联依赖处理，得到 TAN 算法。更进一步，通过对关联规则的聚类挖掘，得到更强大的算法，如 ARCS 算法（Association Rule Clustering System）等。但是由于贝叶斯分类算法简单，处理速度快，仍是许多实时在线系统反垃圾的首选。

分类算法除了用于反垃圾，还可用于信息自动分类，门户网站可用该算法对采集来的新闻稿件进行自动分类，分发到不同的频道。邮箱服务商根据邮件内容推送的个性化广告也可以使用分类算法提高投送相关度。

8.3.3 黑名单

对于垃圾邮件，除了用分类算法进行内容分类识别，还可以使用黑名单技术，将被报告的垃圾邮箱地址放入黑名单，然后针对邮件的发件人在黑名单列表中查找，如果查找成功，则过滤该邮件。

黑名单也可用于信息去重，如将文章标题或者文章关键段落记录到黑名单中，以减少搜索引擎收录重复信息等用途。

黑名单可以通过 Hash 表实现，该方法实现简单，时间复杂度小，满足一般场景使用。但是当黑名单列表非常大时，Hash 表需要占据极大的内存空间。例如在需要处理 10 亿个黑名单邮件地址列表的场景下，每个邮件地址需要 8 个字节的信息指纹，即需要 8GB 内存，为了减少 Hash 冲突，还需要一定的 Hash 空间冗余，假如空间利用率为 50%，则需要 16GB 的内存空间。随着列表的不断增大，一般服务器将不可承受这样的内存需求。而且列表越大，Hash 冲突越多，检索速度越慢。

在对过滤需求要求不完全精确的场景下，可用布隆过滤器代替 Hash 表。布隆过滤器是用它的发明者巴顿·布隆的名字命名的，通过一个二进制列表和一组随机数映射函数实现，如图 8.13 所示。

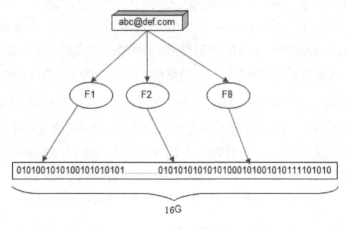

图 8.13   布隆过滤器

仍以需要处理 10 亿邮件地址黑名单列表为例，在内存中建立一个 2GB 大小的存储空间，即 16G 个二进制 bit，并全部初始化为 0。要将一个邮箱地址加入黑名单时，使用 8 个随机映射函数（F1,F2,…,F8）得到 0~16G 范围内的 8 个随机数，从而将该邮箱地址映射到 16G 二进制存储空间的 8 个位置上，然后将这些位置置为 1。当要检查一个邮箱地址是否在黑名单中时，使用同样的映射函数，得到 16G 空间 8 个位置上的 bit，如果这些值都为 1，那么该邮箱地址在黑名单中。

可以看到，处理同样数量的信息，布隆过滤器只使用 Hash 表所需内存的 1/8。但是布隆过滤器有可能导致系统误判（布隆过滤器检查在黑名单中，但实际却并未放入过）。因为一个邮箱地址映射的 8 个 bit 可能正好都被其他邮箱地址设为 1 了，这种可能性极小，通常在系统可接受范围内。但如果需要精确的判断，则不适合使用布隆过滤器。

8.4   电子商务风险控制

电子商务网站在给人们带来购物交易的极大便利的同时，也将风险带给了对网络安全一无所知的人们。由于买卖双方的信息不对等，交易本来就存在风险，而当交易在网上发生时，买卖双方彼此一无所知，交易风险也就更加难以控制。如果一个电商网站骗子横行，诚信的交易者屡屡被骗，那么网站就到了最危险的时候，可以说，交易安全是电子商务网站的底线。

8.4.1 风险

电子商务具有多种形式，B2B、B2C、C2C 每种交易的场景都不相同，风险也各有特点，大致可分为以下几种。

账户风险：包括账户被黑客盗用，恶意注册账号等几种情形。

买家风险：买家恶意下单占用库存进行不正当竞争；黄牛利用促销抢购低价商品；此外还有良品拒收，欺诈退款及常见于 B2B 交易的虚假询盘等。

卖家风险：不良卖家进行恶意欺诈的行为，例如货不对板，虚假发货，炒作信用等，此外还有出售违禁商品、侵权产品等。

交易风险：信用卡盗刷，支付欺诈，洗钱套现等。

8.4.2 风控

大型电商网站都配备有专门的风控团队进行风险控制，风控的手段也包括自动和人工两种。机器自动识别为高风险的交易和信息会发送给风控审核人员进行人工审核，机器自动风控的技术和方法也不断通过人工发现的新风险类型进行逐步完善。

机器自动风控的技术手段主要有规则引擎和统计模型。

1．规则引擎

当交易的某些指标满足一定条件时，就会被认为具有高风险的欺诈可能性。比如用户来自欺诈高发地区；交易金额超过某个数值；和上次登录的地址距离差距很大；用户登录地与收货地不符；用户第一次交易等等。

大型网站在运营过程中，结合业界的最新发现，会总结出数以千计的此类高风险交易规则。一种方案是在业务逻辑中通过编程方式使用 if...else... 代码实现这些规则，可想而知，这些代码会非常庞大，而且由于运营过程中不断发现新的交易风险类型，需要不断调整规则，代码也需要不断修改……

网站一般使用规则引擎技术处理此类问题。规则引擎是一种将业务规则和规则处理逻辑相分离的技术，业务规则文件由运营人员通过管理界面编辑，当需要修改规则时，无需更改代码发布程序，即可实时使用新规则。而规则处理逻辑则调用规则处理输入的数据，如图 8.14 所示。

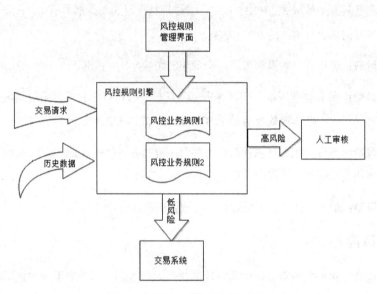

图 8.14　基于规则引擎的风险控制系统

2. 统计模型

规则引擎虽然技术简单，但是随着规则的逐渐增加，会出现规则冲突，难以维护等情况，而且规则越多，性能也越差。目前大型网站更倾向于使用统计模型进行风控。风控领域使用的统计模型使用前面提到的分类算法或者更复杂的机器学习算法进行智能统计。如图 8.15 所示，根据历史交易中的欺诈交易信息训练分类算法，然后将经过采集加工后的交易信息输入分类算法，即可得到交易风险分值。

经过充分训练后的统计模型，准确率不低于规则引擎。分类算法的实时计算性能更好一些，由于统计模型使用模糊识别，并不精确匹配欺诈类型规则，因此对新出现的交易欺诈还具有一定预测性。

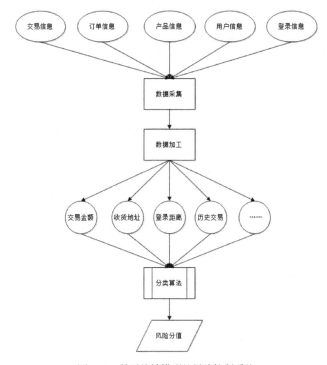

图 8.15　基于统计模型的风险控制系统

8.5　小结

这个世界没有绝对的安全，正如没有绝对的自由一样。网站的相对安全是通过提高攻击门槛达到的。让攻击者为了获得有限的利益必须付出更大的代价，致使其得不偿失，望而却步。

同时，攻击与防护技术作为一对矛盾共同体，彼此不断此消彼长，今天的高枕无忧，明天可能就成了致命的漏洞。也许网站经过一番大的重构和优化，在某一段时间不需要再处理高可用或高性能的问题，但是修补漏洞、改善安全却是每天都需要面对的课题，永远不能停歇。

所以，很遗憾，这个世界没有固若金汤的网站安全架构，架构师只能每天都打起百分百的精神，预防可能的漏洞或者攻击。

第 3 篇

案　例

9

淘宝网的架构演化案例分析

2012 年 11 月 30 日，淘宝（包括天猫）的当年交易额突破 1 万亿，这是一个可以鄙睨亚马逊和 eBay 的数字。而就在此前不久的 2012 年 11 月 11 日，淘宝更是创造了全球电子商务的奇迹，当天：

- 总交易额——191 亿人民币
- 零点的第一分钟，1000 万独立用户涌入 www.tmall.com
- 全天访问用户总数达 2 亿 1 千 3 百万，占中国网民总数的 40%
- 总成交订单数——1 亿零 5 百万
- 高峰期，每分钟成交订单 89678 笔

淘宝历年交易额如图 9.1 所示。

所有这些绚丽的业务数字背后是淘宝多年积淀的电子商务网站架构技术。

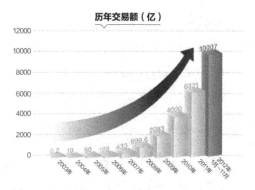

图 9.1　淘宝历年交易额

注：淘宝作为阿里巴巴集团旗下网站，其技术和集团其他公司有着千丝万缕的联系，本章主要分析淘宝架构演化，具体技术不特别区分源自淘宝抑或阿里巴巴。

9.1　淘宝网的业务发展历程

淘宝的技术是和淘宝的业务一起发展起来的，没有飞速发展的淘宝业务，就不会有今天让技术界艳羡的淘宝技术，可以说，是业务驱动着技术不得不往前走。而淘宝的业务也经历了由简单到复杂，由初级到高级的发展历程，通过淘宝首页的变迁，我们可以看出淘宝业务逐步发展的脉络。

2003 年，在马云家里，用一个买来的 C2C 交易软件稍作修改就成了最初的淘宝网，简约也简单，如图 9.2 所示。

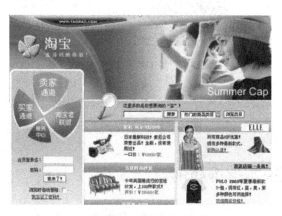

图 9.2　2003 年的淘宝网首页

2004 年，淘宝业务由模仿 eBay 的拍卖交易，开始向一口价交易转型，也就是现在淘宝购物的主要交易模式，这一年，淘宝的架构也经历了一次重大重构，PHP 换成了 Java，MySQL 换成了 Oracle。那时，淘宝网首页虽然依旧简单，但是对于电子商务网站最重要的部分——商品类目开始建立并成为重要的商品导航方式，如图 9.3 所示。

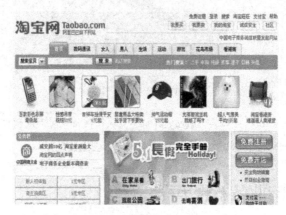

图 9.3　2004 年淘宝网首页

此后数年间，淘宝逐步成为网购的代名词，引领中国电子商务的步伐，每年一度的"双十一"促销成为有中国特色的购物狂欢节。2012 年的淘宝网首页如图 9.4 所示。

图 9.4　2012 年淘宝网首页

9.2　淘宝网技术架构演化

2003 年，花 3000 美金买来的淘宝网站是用 PHP 开发的，淘宝的工程师做了简单的汉化处理，并对数据库做了读写分离，最早的淘宝网架构如图 9.5 所示。

像我们见过的绝大多数中小网站一样，当年的淘宝网使用典型的 Linux+Apache+MySQL+PHP（LAMP）架构。作为一个刚刚起步的小网站，使用开源、免费、简单的技术产品搭建网站是明智之举，可谓一举多得：免费的技术降低网站的成本，成熟的开源技术可以从开源社区获取文档和技术支持；网站发展初期，业务不明确，需求变化多，简单的技术方案可以快速响应需求变化；简单的技术也可以让工程师快速上手，缩短学习周期；退一步，如果业务发展不顺利，及时关闭网站止损，亦可减少沉没成本，促使管理层和投资者快速决策。

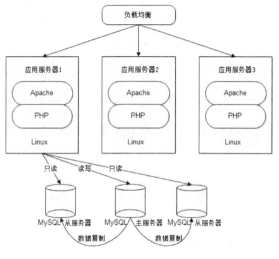

图 9.5 2003 年淘宝网架构

幸而淘宝业务蒸蒸日上，逐步蚕食 eBay 在中国的市场。随着业务的快速发展，电子商务网站特有的业务复杂性和 PHP 易开发、难维护的特性产生了难以调和的冲突；不断扩展的业务让工程师承受着沉重的负担；不断增加的用户和商品数又让系统特别是存储系统不堪重负。总之，架构重构势在必行。2004 年，淘宝在 SUN 技术顾问的协助下进行了一次重要的重构，放弃了原来的 LAMP 架构，转而使用 Java 作为开发平台，使用 Oracle 做后端数据库，如图 9.6 所示。

系统架构使用了当时在企业应用领域崭露头角的 MVC 框架和 ORM 框架，分别解决视图与业务逻辑分离的问题和对象与关系数据库解耦的问题，淘宝没有使用当时风头正

劲的 Struts 和 Hibernate，而是选择了自己开发 MVC 框架 Webx，而 ORM 框架则选择了
IBatis。

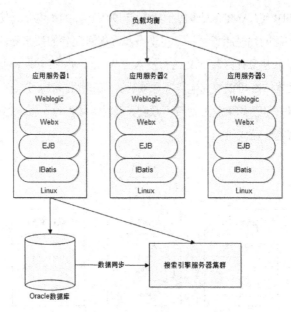

图 9.6　2004 年淘宝网架构

当时淘宝还开发了另一个重要产品 Antx，这个针对 Java 平台的、扩展自 Ant 的项目
构建工具对于网站项目开发、测试、发布至关重要，一个非常重要的功能就是管理配置
项。对于一个 Java 开发的大型 Web 系统，内部通常会包含数百个 jar 文件，每个 jar 文件
都是一个独立的模块，这些模块由不同团队开发，实现不同功能，最后组成一个完整的
系统。这些模块通常也都有自己的配置文件，比如数据库连接模块需要配置数据库 URL、
连接池大小等，这些配置参数在开发环境、测试环境、生产环境各不相同。Antx 提供了
一个灵活管理这些分散配置项的解决方案。

应用服务器使用 Weblogic，数据库使用 Oracle，这些产品都需要昂贵的授权使用费。
而 Oracle 又需要部署在昂贵的 IBM 小型机和同样昂贵的 EMC 存储设备上。淘宝这时候
弃免费而选择付费产品，和建站初选择免费一样，同样是明智之举：业务快速发展，宝
贵的开发资源应该投入到新业务开发上，而不是解决这些可以用付费产品搞定的基础技
术问题上；成熟的付费产品和售后支持令业务和市场没有后顾之忧，可以全力以赴地拓

展市场；对于一个快速发展的网站，特别是电子商务网站而言，严重宕机、重要用户数据丢失可能会极大地打击消费者信心，令网站发展平生波澜，而这些业界领先的产品经过多年的洗练，有较强的可用性保证。

此后三四年间，淘宝在 Oracle、EMC、IBM 的护航下，高歌猛进，业务蒸蒸日上，技术也逐渐成长，基于自身需求，逐步摸索适合自己的技术发展之路，如图 9.7 所示。

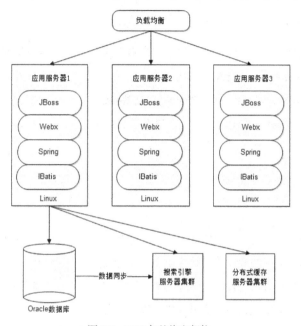

图 9.7　2006 年的淘宝架构

放弃 EJB，引入 Spring，用免费的 JBoss 替代收费的 Weblogic，因为 Weblogic 并非物有所值，EJB 对于网站来说也太过笨重。淘宝后来甚至用更轻量级的 Jetty 替代了 JBoss，对淘宝而言，应用服务器只需要一个 Servlet 容器，越简单越快越好。在合适的场景下使用合适的产品，而不是最好的产品，所谓小脚穿大鞋，不但跑不快，还可能会摔跤。

直到这时，淘宝架构和技术依然是泯然于众的中庸水平而已，没有拖业务的后腿，使用业界成熟的方案和可靠的技术，没有什么可指责的也没有什么可炫耀的。但也就是在这个时候，淘宝技术开始发力，许多奠定淘宝坚实架构基础的产品和技术从这个时候开始逐步酝酿，走向成熟。目前这些产品多数都已开源，如表 9.1 所示。

表 9.1　淘宝主要开源系统

项 目 名	描　　述
Tair	分布式 Key/Value 存储引擎，分为持久化和非持久化两种使用方式
TFS	一个分布式文件系统，适用于海量小文件存储
OceanBase	分布式数据库系统，支持千亿级别的读写事务
TDDL	对应用透明的分库分表层和具有众多特性的动态数据源

（资料来源：http://code.taobao.org/）

随着淘宝技术的不断发展壮大，淘宝对集群环境下分布式高可用系统的架构设计技术越来越得心应手，Oracle、IBM、EMC 也变得不是必须，于是淘宝开始逐步放弃使用这些昂贵的设备和软件，回归到开源的 MySQL 及 NoSQL 系统，正如淘宝 2003 年建站之初的选择。这也再一次验证了辩证法关于事物发展的否定之否定及螺旋式上升的普遍规律，仿佛回到原点，但一切已经完全不同了。

9.3　小结

如果说有什么神奇的力量促使淘宝技术脱胎换骨，化蛹成蝶，站在中国互联网软件开发技术之巅华山论剑的话，笔者认为最重要甚至唯一的驱动力就是：不得已。随着业务的飞速发展，用户、数据、流量、业务复杂度都呈指数级增长，飞速接近甚至突破 Oracle、IBM 这些企业提供的解决方案的有效范围，在开源领域虽有 Google、Yahoo 等先驱在探索道路，并有一些开源产品，但是在大规模集群实践上，大家都在摸索，淘宝必须走自己的路，路上也许有烛光照明，但是没有人指路。

而有些路，走过以后，再回头，一览众山小！

10

维基百科的高性能架构
设计分析

www.wikipedia.org，这个在 2001 年创建，使用 Perl CGI 脚本编写的只有一台服务器的网站，到 2012 年已经成为流量排名全球第 6 的大型网站，如图 10.1 所示。和 www.wikipedia.org 的流量在相同级别的其他大型网站，如 www.baidu.com、www.yahoo.com，其背后都是市值数百亿美金、员工上万的巨无霸企业，运行网站的服务器规模也数以万计。而 wikipedia.org 不过只有区区数百台服务器，并仅由十余名技术人员维护，不得不说是一个奇迹。Wikipedia 对资源的利用，对性能的优化很具有典型性，有许多值得学习的地方。

10.1　Wikipedia 网站整体架构

目前 Wikipedia 网站建立在 LAMP（Linux+Apache+MySQL+PHP）之上，其他基础技术组件也全部采用免费的开源软件。因为 Wikipedia 是非盈利的，所以尽可能使用免费的软件和廉价的服务器，这种技术倾向使得技术团队不得不量体裁衣、看米下锅，榨尽系统所有资源的利用价值，用最少的资源成就最不可思议的奇迹，最终也让技术团队获得了真正的成长。

1 **Google**
google.com
Enables users to search the world's information, including webpages, images, and videos. Offers...
More
★★★★☆　Search Analytics ▶　Audience ▶

2 **Facebook**
facebook.com
A social utility that connects people, to keep up with friends, upload photos, share links and ... More
★★★★☆　Search Analytics ▶　Audience ▶

3 **YouTube**
youtube.com
YouTube is a way to get your videos to the people who matter to you. Upload, tag and share your...
More
★★★☆☆　Search Analytics ▶　Audience ▶

4 **Yahoo!**
yahoo.com
A major internet portal and service provider offering search results, customizable content, cha... More
★★★★☆　Search Analytics ▶　Audience ▶

5 **Baidu.com**
baidu.com
The leading Chinese language search engine, provides "simple and reliable" search exp... More
★★★☆☆　Search Analytics ▶　Audience ▶

6 **Wikipedia**
wikipedia.org
A free encyclopedia built collaboratively using wiki software. (Creative Commons Attribution-Sh...
More
★★★★☆　Search Analytics ▶　Audience ▶

图 10.1　2012 年 12 月 8 日 Alexa 全球网站排名

Wikipedia 的架构如图 10.2 所示。

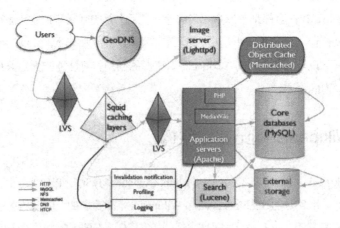

图 10.2　Wikipedia 架构图

（图片来源：http://www.slideshare.net/kapil/wikimediaarchiteciture）

Wikipedia 架构的主要组成部分如下。

GeoDNS：基于开源域名服务器软件 BIND（Berkeley Internet Name Domain）的增强版本，可将域名解析到离用户最近的服务器。

LVS：基于 Linux 的开源负载均衡服务器。

Squid：基于 Linux 的开源反向代理服务器。

Lighttpd：开源的应用服务器，较主流的 Apache 服务器更轻量、更快速。实践中，有许多网站使用 Lighttpd 作为图片服务器。

PHP：免费的 Web 应用程序开发语言，最流行的网站建站语言。

Memcached：无中心高性能的开源分布式缓存系统，稳定、可靠、历久弥新，是网站分布式缓存服务必备的。

Lucene：由 Apache 出品，Java 开发的开源全文搜索引擎。

MySQL：开源的关系数据库管理系统，虽被 Oracle 收购，但开源社区将其继续开源发展的决心不动摇。

10.2 Wikipedia 性能优化策略

作为一个百科服务类网站，Wikipedia 主要面临的挑战是如何应对来自全球各地的巨量并发的词条查询请求。相对其他网站，Wikipedia 的业务比较简单，用户操作大部分是只读的，这些前提使 Wikipedia 的性能优化约束变得简单，可以让技术团队将每一种性能优化手段都发挥到极致，且业务束缚较少。因此 Wikipedia 的性能优化比较有典型意义。

10.2.1 Wikipedia 前端性能优化

所谓网站前端是指应用服务器（也就是 PHP 服务器）之前的部分，包括 DNS 服务、CDN 服务、反向代理服务、静态资源服务等，如图 10.3 所示。对 Wikipedia 而言，80%以上的用户请求可以通过前端服务返回，请求根本不会到达应用服务器，这也就使得网站最复杂、最有挑战的应用服务端和存储端压力骤减。

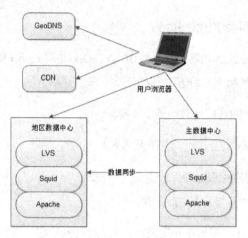

图 10.3　Wikipedia 的前端架构

Wikipedia 前端架构的核心是反向代理服务器 Squid 集群,大约部署有数十台服务器,请求通过 LVS 负载均衡地分发到每台 Squid 服务器,热点词条被缓存在这里,大量请求可直接返回响应,请求无需发送到 Apache 服务器,减轻应用负载压力。Squid 缓存不能命中的请求再通过 LVS 发送到 Apache 应用服务器集群,如果有词条信息更新,应用服务器使用 Invalidation Notification 服务通知 Squid 缓存失效,重新访问应用服务器更新词条。

而在反向代理 Squid 之前,则是被 Wikipedia 技术团队称为"圣杯"的 CDN 服务,CDN 服务对于 Wikipedia 性能优化居功至伟。因为用户查询的词条大部分集中在比重很小的热点词条上,将这些词条内容页面缓存在 CDN 服务器上,而 CDN 服务器又部署在离用户浏览器最近的地方,用户请求直接从 CDN 返回,响应速度非常快,这些请求甚至根本不会到达 Wikipedia 数据中心的 Squid 服务器,服务器压力减小,节省的资源可以更快地处理其他未被 CDN 缓存的请求。

Wikipedia CDN 缓存的几条准则为:

- 内容页面不包含动态信息,以免页面内容缓存很快失效或者包含过时信息。
- 每个内容页面有唯一的 REST 风格的 URL,以便 CDN 快速查找并避免重复缓存。
- 在 HTML 响应头写入缓存控制信息,通过应用控制内容是否缓存及缓存有效期等。

10.2.2　Wikipedia 服务端性能优化

服务端主要是 PHP 服务器,这里是网站业务逻辑的核心部分,运行的模块都比较复杂笨重，需要消耗较多的资源，Wikipedia 将最好的服务器部署在这里（和数据库配置一样的服务器），从硬件上改善性能。

除了硬件改善，Wikipedia 还使用许多其他开源组件对应用层进行如下优化。

- 使用 APC，这是一个 PHP 字节码缓存模块，可以加速代码执行减少资源消耗。
- 使用 Imagemagick 进行图片处理和转化。
- 使用 Tex 进行文本格式化，特别是将科学公式内容转换成图片格式。
- 替换 PHP 的字符串查找函数 strtr()，使用更优化的算法重构。

10.2.3　Wikipedia 后端性能优化

包括缓存、存储、数据库等被应用服务器依赖的服务都可以归类为后端服务。后端服务通常是一些有状态的服务，即需要提供数据存储服务，这些服务大多建立在网络通信和磁盘操作基础上，是性能的瓶颈，也是性能优化的重灾区。

后端优化最主要的手段是使用缓存，将热点数据缓存在分布式缓存系统的内存中，加速应用服务器的数据读操作速度，减轻存储和数据库服务器的负载。Wikipedia 的缓存使用策略如下：

- 热点特别集中的数据直接缓存到应用服务器的本地内存中，因为要占用应用服务器的内存且每台服务器都需要重复缓存这些数据，因此这些数据量很小，但是读取频率极高。
- 缓存数据的内容尽量是应用服务器可以直接使用的格式，比如 HTML 格式，以减少应用服务器从缓存中获取数据后解析构造数据的代价。
- 使用缓存服务器存储 session 对象。
- 相比数据库，Memcached 的持久化连接非常廉价，如有需要就创建一个 Memcached 连接。

作为存储核心资产的 MySQL 数据库，Wikipedia 也做了如下优化：

- 使用较大的服务器内存。在 Wikipedia 应用场景中，增加内存比增加其他资源更能改善 MySQL 性能。
- 使用 RAID0 磁盘阵列以加速磁盘访问，RAID0 虽然加速磁盘访问，但是却降低了数据库的持久可靠性(一块盘坏了,整个数据库的数据都不完整了)。显然 Wikipedia 认为性能问题迫在眉睫,而数据可靠性问题可以通过其他手段解决(如 MySQL 主从复制,数据异步备份等)。

- 将数据库事务一致性设置在较低水平,加快宕机恢复速度。
- 如果 Master 数据库宕机,立即将应用切换到 Salve 数据库,同时关闭数据写服务,这意味着关闭词条编辑功能。Wikipedia 通过约束业务获得更大的技术方案选择余地,很多时候业务后退一小步,技术就可以前进一大步。

11

海量分布式存储系统 Doris 的高可用架构设计分析

Doris（https://github.com/itisaid/Doris）是一个海量分布式 KV 存储系统，其设计目标是支持中等规模高可用、可伸缩的 KV 存储集群。跟主流的 NoSQL 系统 HBase 相比（Doris0.1 vs. HBase0.90），Doris 具有相似的性能和线性伸缩能力，并具有更好的可用性及更友好的图形用户管理界面。

对于一个数据存储系统而言，高可用意味着两个意思：

- 高可用的服务：任何时候，包括宕机、硬盘损坏、系统升级、停机维护、集群扩容等各种情况，都可以对系统进行读写访问操作。
- 高可靠的数据：任何情况下，数据可靠存储，不丢失。

那么高可用的架构设计也就是在各种软硬件故障的情况下，系统如何保障数据可靠存储，服务可用。

11.1 分布式存储系统的高可用架构

对一个大规模集群的存储系统而言，服务器宕机、交换机失效是常态，架构师必须为这些故障发生时，保证系统依然可用而进行系统设计。在系统架构层面，保证高可用的主要手段是冗余：服务器热备，数据多份存储。使整个集群在部分机器故障的情况下可以进行灵活的失效转移（Failover），保证系统整体依然可用，数据持久可靠。Doris 系统的架构如图 11.1 所示。

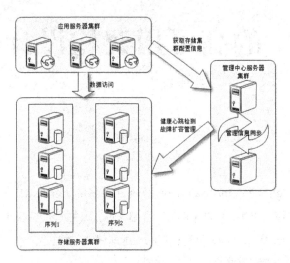

图 11.1 Doris 的整体架构

系统整体上可分为如下三个部分。

- **应用程序服务器**：它们是存储系统的客户，对系统发起数据操作请求。
- **数据存储服务器**：他们是存储系统的核心，负责存储数据、响应应用服务器的数据操作请求。
- **管理中心服务器**：这是一个由两台机器组成的主–主热备的小规模服务器集群，主要负责集群管理，对数据存储集群进行健康心跳检测；集群扩容、故障恢复管理；对应用程序服务器提供集群地址配置信息服务等。

其中数据存储服务器又根据应用的可用性级别设置数据复制份数，即每个数据实际物理存储的副本数目，副本份数越多，可用性级别越高，当然需要的服务器也越多。为了便于管理和访问数据的多个副本，将存储服务器划分为多个序列，数据的多个副本存储在不同的序列中（序列可以理解为存储集群中的子集群）。

应用服务器写入数据时，根据集群配置和应用可用性级别使用路由算法在每个序列中计算得到一台服务器，然后同时并发写入这些服务器中；应用服务器读取数据时，只需要随机选择一个序列，根据相同路由算法计算得到服务器编号和地址，即可读取。通常情况下，系统最少写入的副本份数是两份，如图 11.2 所示。

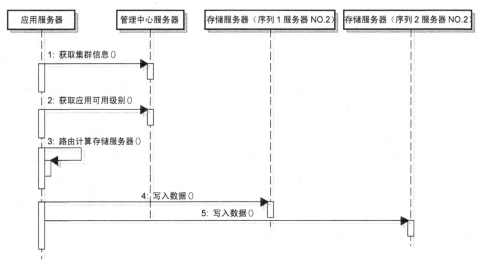

图 11.2　Doris 系统调用时序模型

在正常状态下，存储服务器集群中的服务器互不感知，不进行任何通信；应用服务器也只在启动时从管理中心服务器获取存储服务器集群信息，除非集群信息发生变化（故障、扩容），否则应用服务器不会和管理中心服务器通信。一般而言，服务器之间通信越少，就越少依赖，发生故障时互相影响就越少，集群的可用性就越高。

11.2　不同故障情况下的高可用解决方案

高可用的系统需要解决的是在不同故障情况下都保持较高的系统可用性，但是不同故障类型带来的问题复杂性不同，不可能使用一种解决方案处理所有情况，所以需要针对各种故障提供具体解决方案。

11.2.1 分布式存储系统的故障分类

在讨论解决方案之前，我们先对故障进行分类，针对不同故障情况分别对待。对于一个分布式存储系统而言，影响系统整体可用性的故障可以分成以下三类。

- **瞬时故障**：引起这类故障的主要原因是网络通信瞬时中断、服务器内存垃圾回收或后台线程繁忙停止数据访问操作响应。其特点是故障时间短，在秒级甚至毫秒级系统即可自行恢复正常响应。
- **临时故障**：引起这类故障的主要原因是交换机宕机、网卡松动等导致的网络通信中断；系统升级、停机维护等一般运维活动引起的服务关闭；内存损坏、CPU 过热等硬件原因导致的服务器宕机；这类故障的主要特点是需要人工干预（更换硬件、重启机器等）才能恢复正常。通常持续时间需要几十分钟甚至几小时。故障时间可分为两个阶段：临时故障期间，临时故障恢复期间。
- **永久故障**：引起这类故障的主要原因只有一个：硬盘损坏，数据丢失。虽然损坏硬盘和损坏内存一样，可以通过更换硬盘来重新启动机器，但是丢失的数据却永远找不回来了，因此其处理策略也和前面两种故障完全不同，恢复系统到正常状态也需要更长的时间。故障时间可分为两个阶段：永久故障期间和永久故障恢复期间。

11.2.2 正常情况下系统访问结构

在只使用两份副本作为高可用策略的情况下，系统访问结构如图 11.3 所示。

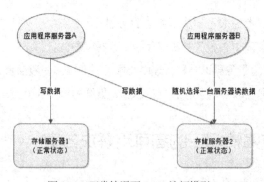

图 11.3　正常情况下 Doris 访问模型

应用程序在写数据时，需要路由计算获得两台不同的服务器，同时将数据写入两台服务器；而读数据时，只需要到这两台服务器上任意一台服务器读取即可。

11.2.3 瞬时故障的高可用解决方案

瞬时故障是一种严重性较低的故障，一般系统经过较短暂的时间即可自行恢复，遇到瞬时故障只需要多次重试，就可以重新连接到服务器，正常访问。如图 11.4 所示。

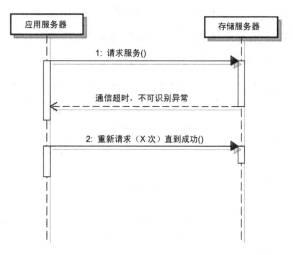

图 11.4 Doris 瞬时故障解决方案

如果经多次重试后，仍然失败，那么有可能不是瞬时故障，而是更严重的临时故障，这时需要执行临时故障处理策略。

当然也有可能是应用服务器自己的故障，比如系统文件句柄用光导致连接不能建立等，这时需要请求管理中心服务器进行故障仲裁，以判定故障种类。

瞬时失效访问模型如图 11.5 所示。

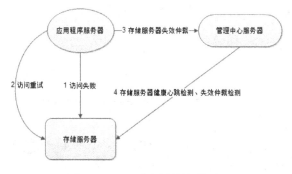

图 11.5 Doris 瞬时失效访问模型

11.2.4 临时故障的高可用解决方案

临时故障要比瞬时故障严重，系统需要人工干预才能恢复正常，在故障服务器未能恢复正常前，系统也必须保证高可用。由于数据有多份副本，因此读数据时只需要路由选择正常服务的机器即可；写数据时，正常服务的机器依然正常写入，发生故障的机器需要将数据写入到临时存储服务器，等待故障服务器恢复正常后再将临时服务器中的数据迁移到该机器，整个集群就恢复正常了，如图 11.6 所示。

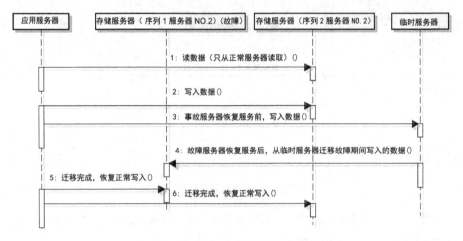

图 11.6　Doris 临时故障解决方案

其中临时服务器是集群中专门部署的服务器（根据可用性规划，临时服务器也可以部署为多台机器的集群），正常情况下，该服务器不会有数据写入，处于空闲状态，只有在临时失效的时候，才会写入数据。任何时候该服务器都不会提供读操作服务。

临时故障发生期间，系统访问模型如图 11.7 所示。

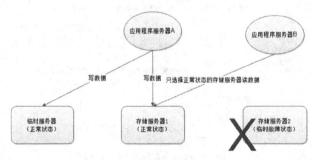

图 11.7　Doris 临时故障访问模型

临时故障解决，系统恢复期间，Doris 访问模型如图 11.8 所示。

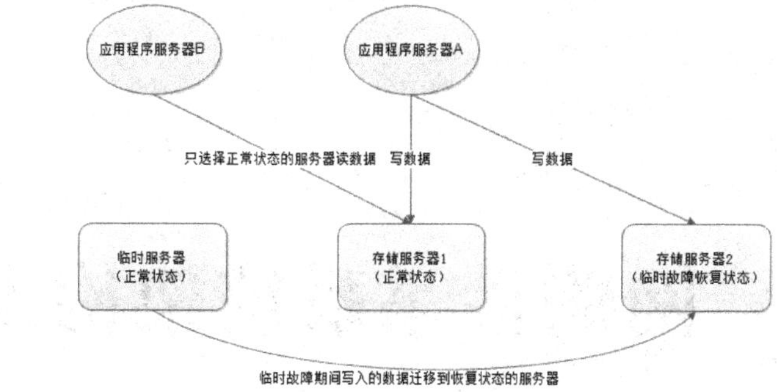

图 11.8　临时故障恢复期间 Doris 访问模型

临时故障期间写入临时服务器的数据全部迁移到存储服务器 2 后，故障全部恢复，存储服务器 2 恢复到正常状态，系统可按正常情况访问。

11.2.5　永久故障的高可用解决方案

永久故障是指服务器上的数据永久丢失，不能恢复。由于故障服务器上的数据永久丢失，从临时服务器迁移数据就没有意义了，必须要从其他序列中正常的服务器中复制全部数据才能恢复正常状态。

永久故障发生期间，由于系统无法判断该故障是临时故障还是永久故障，因此系统访问结构和临时故障一样。当系统出现临时故障超时（超过设定时间临时故障服务器仍没有启动）或者人工确认为永久故障时，系统启用备用服务器替代原来永久失效的服务器，进入永久故障恢复，访问模型如图 11.9 所示。

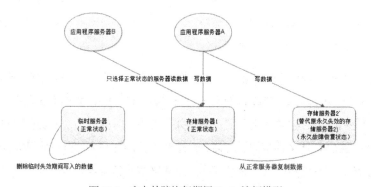

图 11.9　永久故障恢复期间 Doris 访问模型

12

网购秒杀系统架构设计
案例分析

秒杀是电子商务网站常见的一种营销手段：将少量商品（通常只有一件）以极低的价格，在特定的时间点开始出售。比如一元钱的手机，五元钱的电脑，十元钱的汽车等。因为商品价格诱人，而且数量有限，所以很多人趋之若鹜，在秒杀活动开始前涌入网站，等到秒杀活动开始的一瞬间，点下购买按钮（在此之前购买按钮为灰色，不可以点击），抢购商品。这些商品因为在活动开始的一秒内就被卖光了，所以被称作秒杀。

网站通过这种营销手段，制造某种轰动效应，从而达到网站推广的目的。而最终能够被幸运之神眷顾，秒到商品的只有一两个人而已。很多电子商务网站已经把秒杀活动常态化了，经常性地举行秒杀活动。

秒杀虽然对网站推广有很多好处，也能给消费者带来利益（虽然是很少的几个人），但是对网站技术却是极大的挑战：网站是为正常运营设计的，而秒杀活动带来的并发访问用户却是平时的数百倍甚至上千倍。网站如果为秒杀时的最高并发访问量进行设计部署，就需要比正常运营多得多的服务器，而这些服务器在绝大部分时候都是用不着的，浪费惊人。所以网站的秒杀业务不能使用正常的网站业务流程，也不能和正常的网站交易业务共用服务器，必须设计部署专门的秒杀系统，进行专门应对。

12.1 秒杀活动的技术挑战

假设某网站秒杀活动只推出一件商品，预计会吸引 1 万人参加活动，也就是说最大并发请求数是 10,000，秒杀系统需要面对的技术挑战有如下几点。

1．对现有网站业务造成冲击

秒杀活动只是网站营销的一个附加活动，这个活动具有时间短，并发访问量大的特点，如果和网站原有应用部署在一起，必然会对现有业务造成冲击，稍有不慎可能导致整个网站瘫痪。

2．高并发下的应用、数据库负载

用户在秒杀开始前，通过不停刷新浏览器页面以保证不会错过秒杀，这些请求如果按照一般的网站应用架构，访问应用服务器、连接数据库，会对应用服务器和数据库服务器造成极大的负载压力。

3．突然增加的网络及服务器带宽

假设商品页面大小 200K（主要是商品图片大小），那么需要的网络和服务器带宽是 2G（200K×10,000），这些网络带宽是因为秒杀活动新增的，超过网站平时使用的带宽。

4．直接下单

秒杀的游戏规则是到了秒杀时间才能开始对商品下单购买，在此时间点之前，只能浏览商品信息，不能下单。而下单页面也是一个普通的 URL，如果得到这个 URL，不用等到秒杀开始就可以下单了。

12.2 秒杀系统的应对策略

为了应对上述挑战，秒杀系统的应对策略有如下几点。

1．秒杀系统独立部署

为了避免因为秒杀活动的高并发访问而拖垮整个网站，使整个网站不必面对蜂拥而来的用户访问，可将秒杀系统独立部署；如果需要，还可以使用独立的域名，使其与网站完全隔离，即使秒杀系统崩溃了，也不会对网站造成任何影响。

2．秒杀商品页面静态化

重新设计秒杀商品页面，不使用网站原来的商品详情页面，页面内容静态化：将商品描述、商品参数、成交记录和用户评价全部写入一个静态页面，用户请求不需要经过应用服务器的业务逻辑处理，也不需要访问数据库。所以秒杀商品服务不需要部署动态的 Web 服务器和数据库服务器。

3．租借秒杀活动网络带宽

因为秒杀新增的网络带宽，必须和运营商重新购买或者租借。为了减轻网站服务器的压力，需要将秒杀商品页面缓存在 CDN，同样需要和 CDN 服务商临时租借新增的出口带宽。

4．动态生成随机下单页面 URL

为了避免用户直接访问下单页面 URL，需要将该 URL 动态化，即使秒杀系统的开发者也无法在秒杀开始前访问下单页面的 URL。办法是在下单页面 URL 加入由服务器端生成的随机数作为参数，在秒杀开始的时候才能得到。

12.3 秒杀系统架构设计

秒杀系统为秒杀而设计，不同于一般的网购行为，参与秒杀活动的用户更关心地是如何能快速刷新商品页面，在秒杀开始的时候抢先进入下单页面，而不是商品详情等用户体验细节，因此秒杀系统的页面设计应尽可能简单，如图 12.1 所示。

商品页面中的购买按钮只有在秒杀活动开始的时候才变亮，在此之前及秒杀商品卖出后，该按钮都是灰色的，不可以点击。

图 12.1　秒杀商品页面

　　下单表单也尽可能简单，购买数量只能是一个且不可以修改，送货地址和付款方式都使用用户默认设置，没有默认也可以不填，允许等订单提交后修改；只有第一个提交的订单发送给网站的订单子系统，其余用户提交订单后只能看到秒杀结束页面，如图 12.2 所示。

图 12.2　秒杀下单页面

　　除了上面提到的秒杀系统的技术挑战及应对策略，还有一些其他问题需要处理。

1. 如何控制秒杀商品页面购买按钮的点亮

　　购买按钮只有在秒杀活动开始的时候才能点亮，在此之前是灰色的。如果该页面是动态生成的，当然可以在服务器端构造响应页面输出，控制该按钮是灰色还是点亮，但是为了减轻服务器端负载压力，更好地利用 CDN、反向代理等性能优化手段，该页面被设计为静态页面，缓存在 CDN、反向代理服务器上，甚至用户浏览器上。秒杀开始时，用户刷新页面，请求根本不会到达应用服务器。

解决办法是使用 JavaScript 脚本控制，在秒杀商品静态页面中加入一个 JavaScript 文件引用，该 JavaScript 文件中加入秒杀是否开始的标志和下单页面 URL 的随机数参数，当秒杀开始的时候生成一个新的 JavaScript 文件并被用户浏览器加载，控制秒杀商品页面的展示。这个 JavaScript 文件使用随机版本号，并且不被浏览器、CDN 和反向代理服务器缓存。如图 12.3 所示。

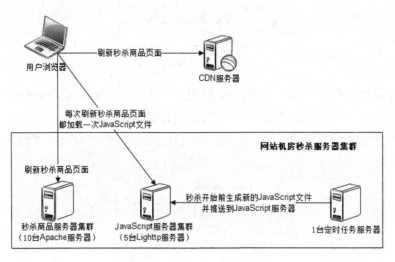

图 12.3 秒杀商品点亮过程

这个 JavaScript 文件非常小，即使每次浏览器刷新都访问 JavaScript 文件服务器也不会对服务器集群和网络带宽造成太大压力。

2. 如何只允许第一个提交的订单被发送到订单子系统

由于最终能够成功秒杀到商品的用户只有一个，因此需要在用户提交订单时，检查是否已经有订单提交。事实上，由于最终能够成功提交订单的用户只有一个，为了减轻下单页面服务器的负载压力，可以控制进入下单页面的入口，只有少数用户能进入下单页面，其他用户直接进入秒杀结束页面。假设下单服务器集群有 10 台服务器，每台服务器只接受最多 10 个下单请求，如图 12.4 所示。

秒杀系统的整体架构如图 12.5 所示。

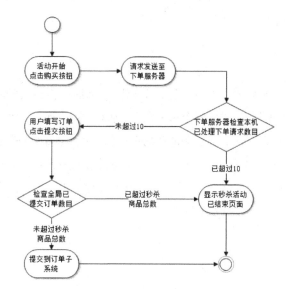

图 12.4 秒杀下单流程

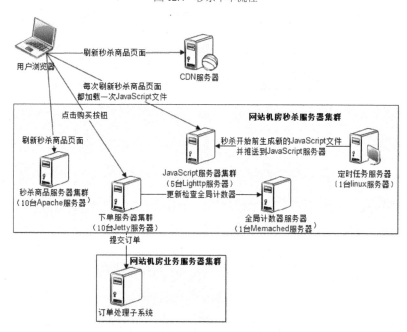

图 12.5 秒杀系统的整体架构

12.4　小结

秒杀是对网站架构的极大考验，在难以预计和控制的高并发访问的冲击下，稍有不慎，系统就会被用户秒杀，导致整个系统宕机，活动失败，构成重大事故。因此在遵循秒杀活动游戏规则的基础上，为了保证系统的安全，保持适度的公平公正即可。即使系统出了故障，也不应该给用户显示出错页面，而是显示秒杀活动结束页面，避免不必要的困扰。除了上面提到的一些针对秒杀活动进行的架构设计，在本书第 10 章中提到的许多性能优化设计都可以用于秒杀系统的优化。

13

大型网站典型故障案例分析

先讲一个小故事。有一次，笔者和几个网站架构师讨论问题，期间，一位架构师被他们部门总监叫去面试一位应聘者。结果过了十几分钟，这位架构师就回来了，我们都很奇怪：怎么这么快？他笑道："这位老兄，工作十几年，什么都不会，没什么好问的"。我们问他都问了什么问题，结果都是一些如果没有经历过，就永远不会想到的问题，而这些问题只要在大型网站技术一线呆上两三年，就一定会碰到。

一位网站资深架构师曾经说过：在互联网公司呆一年，相当于在传统软件公司呆三年。他的意思大概是在互联网公司一年遇到的问题比传统软件公司三年遇到的问题还多。而且随着网站业务的快速发展，问题也层出不穷，每年遇到的问题都不同。遇到问题，解决问题，经历了这个过程，技术才能升华，人和技术才能融为一体，才知道什么技术是真正有用的，什么技术是花拳绣腿。

大型网站的技术本质都很简单，没有很花哨的东西，掌握起来也不难。大型网站的架构师最有价值的地方不在于他们掌握了多少技术，而在于他们经历过多少故障。每一次故障都会给公司带来难以估计的利益损失，所以培养一个网站架构师的成本不单要看付了他多少薪水，给了他多少股票，还要看为他引起的故障买了多少次单。

这里列举一些网站的典型故障，我们会发现，在高并发和海量数据的情况下，很多一般情况下不是问题的问题都会涌现出来。

13.1 写日志也会引发故障

故障现象：某应用服务器集群发布后不久就出现多台服务器相继报警，硬盘可用空间低于警戒值，并且很快有服务器宕机。登录到线上服务器，发现 log 文件夹里的文件迅速增加，不断消耗磁盘空间。

原因分析：这是一个普通的应用服务器集群，不需要存储数据，因此服务器里配置的是一块 100GB 的小硬盘，安装完操作系统、Web 服务器、Java 虚拟机、应用程序后，空闲空间只有几十 GB 了，正常情况下这些磁盘空间足够了，但是该应用的开发人员将 log 输出的 level 全局配置为 Debug。这样一次简单的 Web 请求就会产生大量的 log 文件输出，在高并发的用户请求下，很快就消耗完不多的磁盘空间。

经验教训：

- 应用程序自己的日志输出配置和第三方组件日志输出要分别配置。
- 检查 log 配置文件，日志输出级别至少为 Warn，并且检查 log 输出代码调用，调用级别要符合其真实日志级别。
- 有些开源的第三方组件也会不恰当地输出太多的 Error 日志，需要关闭这些第三方库的日志输出，至于哪些第三方库有问题，只有在遇到问题时才知道。

13.2 高并发访问数据库引发的故障

故障现象：某应用发布后，数据库 Load 居高不下，远超过正常水平，持续报警。

原因分析：检查数据库，发现报警是因为某条 SQL 引起的，这条 SQL 是一条简单的有索引的数据查询，不应该引发报警。继续检查，发现这条 SQL 执行频率非常高，远远超过正常水平。追查这条 SQL，发现被网站首页应用调用，首页是被访问最频繁的网页，这条 SQL 被首页调用，也就被频繁执行了。

经验教训：

- 首页不应该访问数据库，首页需要的数据可以从缓存服务器或者搜索引擎服务器获取。
- 首页最好是静态的。

13.3　高并发情况下锁引发的故障

故障现象：某应用服务器不定时地因为响应超时而报警，但是很快又超时解除，恢复正常，如此反复，让运维人员非常苦恼。

原因分析：程序中某个单例对象（singleton object）中多处使用了 synchronized（this），由于 this 对象只有一个，所有的并发请求都要排队获得这唯一的一把锁。一般情况下，都是一些简单操作，获得锁，迅速完成操作，释放锁，不会引起线程排队。但是某个需要远程调用的操作也被加了 synchronized（this），这个操作只是偶尔会被执行，但是每次执行都需要较长的时间才能完成，这段时间锁被占用，所有的用户线程都要等待，响应超时，这个操作执行完后释放锁，其他线程迅速执行，超时解除。

经验教训：

- 使用锁操作要谨慎。

13.4　缓存引发的故障

故障现象：没有新应用发布，但是数据库服务器突然 Load 飙升，并很快失去响应。DBA 将数据库访问切换到备机，Load 也很快飙升，并失去响应。最终引发网站全部瘫痪。

原因分析：缓存服务器在网站服务器集群中的地位一直比较低，服务器配置和管理级别都比其他服务器要低一些。人们都认为缓存是改善性能的手段，丢失一些缓存也没什么问题，有时候关闭一两台缓存服务器也确实对应用没有明显影响，所以长期疏于管理缓存服务器。结果这次一个缺乏经验的工程师关闭了缓存服务器集群中全部的十几台 Memcached 服务器，导致了网站全部瘫痪的重大事故。

经验教训：

* 当缓存已经不仅仅是改善性能，而是成为网站架构不可或缺的一部分时，对缓存的管理就需要提高到和其他服务器一样的级别。

13.5 应用启动不同步引发的故障

故障现象：某应用发布后，服务器立即崩溃。

原因分析：应用程序 Web 环境使用 Apache+JBoss 的模式，用户请求通过 Apache 转发 JBoss。在发布时，Apache 和 JBoss 同时启动，由于 JBoss 启动时需要加载很多应用并初始化，花费时间较长，结果 JBoss 还没有完全启动，Apache 就已经启动完毕开始接收用户请求，大量请求阻塞在 JBoss 进程中，最终导致 JBoss 崩溃。除了这种 Apache 和 JBoss 启动不同步的情况，网站还有很多类似的场景，都需要后台服务准备好，前台应用才能启动，否则就会导致故障。这种情况被内部人戏称作"姑娘们还没穿好衣服，老鸨就开门迎客了"。

经验教训：

* 老鸨开门前要检查下姑娘们是否穿好了衣服。就本例来说，在应用程序中加入一个特定的动态页面（比如只返回 OK 两个字母），启动脚本先启动 JBoss，然后在脚本中不断用 curl 命令访问这个特定页面，直到收到 OK，才启动 Apache。

13.6 大文件读写独占磁盘引发的故障

故障现象：某应用主要功能是管理用户图片，接到部分用户投诉，表示上传图片非常慢，原来只需要一两秒，现在需要几十秒，有时等半天结果浏览器显示服务器超时。

原因分析：图片需要使用存储，最有可能出错的地方是存储服务器。检查存储服务器，发现大部分文件只有几百 KB，而有几个文件非常大，有数百兆，读写这些大文件一次需要几十秒，这段时间，磁盘基本被这个文件操作独占，导致其他用户的文件操作缓慢。

经验教训：

- 存储的使用需要根据不同文件类型和用途进行管理，图片都是小文件，应该使用专用的存储服务器，不能和大文件共用存储。批处理用的大文件可以使用其他类型的分布式文件系统。

13.7 滥用生产环境引发的故障

故障现象： 监控发现某个时段内，某些应用突然变慢，内部网络访问延迟非常厉害。

原因分析： 检查发现，该时段内网卡流量也下降，但是没有找到原因。过了一阵子才知道，原来有工程师在线上生产环境进行性能压力测试，占用了大部分交换机带宽。

经验教训：

- 访问线上生产环境要规范，不小心就会导致大事故。

网站数据库有专门的 DBA 维护，如果发现数据库存在错误记录，需要进行数据订正，必须走数据订正流程，申请 DBA 协助。于是就有工程师为避免麻烦，直接写一段数据库更新操作的代码，悄悄放到生产环境应用服务器上执行，神不知鬼不觉地订正了数据。但是如果不小心写错了 SQL，后果可想而知。

13.8 不规范的流程引发的故障

故障现象： 某应用发布后，数据库 Load 迅速飙升，超过报警值，回滚发布后报警消除。

原因分析： 发现该应用发布后出现大量数据库读操作，而这些数据本来应该从分布式缓存读取。检查缓存，发现数据已经被缓存了。检查代码，发现访问缓存的那行代码被注释掉了。原来工程师在开发的时候，为了测试方便，特意注释掉读取缓存的代码，结果开发完成后忘记把注释去掉，直接提交到代码库被发布到线上环境。

经验教训：

- 代码提交前使用 diff 命令进行代码比较，确认没有提交不该提交的代码。

- 加强 code review，代码在正式提交前必须被至少一个其他工程师做过 code review，并且共同承担因代码引起的故障责任。

13.9　不好的编程习惯引发的故障

故障现象：某应用更新某功能后，有少量用户投诉无法正常访问该功能，一点击就显示出错信息。

原因分析：分析这些用户，都是第一次使用该功能，检查代码，发现程序根据历史使用记录构造一个对象，如果该对象为 null，就会导致 NullPointException。

经验教训：

- 程序在处理一个输入的对象时，如果不能明确该对象是否为空，必须做空指针判断。
- 程序在调用其他方法时，输入的对象尽量保证不是 null，必要时构造空对象（使用空对象模式）。

13.10　小结

有位软件技术前辈曾经说过"软件设计有两种风格，一种是将软件设计得很复杂，以使其缺陷没那么明显；一种是将软件设计得很简单，以使其没有明显的缺陷"。就笔者观察，这两种风格的软件工程师都大有人在，只是在互联网公司，后一种更多一些，因为即使是不明显的缺陷在网站的快速发展冲击下，也会很快凸显出来，令其"作者"疲于应对，狼狈不堪。吃一次亏，学一次乖，以后设计软件时就会设计得简单些，如果问题能够很快被发现，要解决也相对容易。

第 4 篇

架构师

14

架构师领导艺术

有一次，笔者以架构师的角色参与某个软件产品的开发，产品经过一年多的发展，已经发布了 2.0 版本，并在一些企业用户中成功实施。项目后期，由于产品整体架构设计比较合理，各个功能模块的扩展性良好，架构师基本没有什么事情可做，加上一些其他因素，笔者打算辞职。

但是当跟项目组成员宣布辞职的时候，大家很吃惊，纷纷表示挽留"你怎么可以走呢，你走了，我们怎么办呢？"

我说"其实你们已经不需要我了，2.0 版本新的功能架构都是你们自己设计的，最近两个月技术讨论会上，我甚至都不发言了，你们不是做的一样很好？"

但还是有人很失望地说"你在，我们就有了主心骨，你不说话就是表示赞成我们的设计，我们才敢这样搞，你走了，我们怎么办呢？"

架构师是软件开发组织中一个比较特殊的角色，除了架构设计，软件开发等技术类工作，通常还需要承担一些管理职能：规划产品路线、估算人力资源和时间资源、安排人员职责分工，确定计划里程碑点、指导工程师工作、过程风险评估与控制等。这些管理事务需要对产品技术架构、功能模块划分、技术风险都熟悉的架构师参与或直接负责。

在软件开发过程中，架构师除了实现技术架构，完成产品技术实现外，还需要和项目组内外各种角色沟通协调，可以说架构师相当多的时间用在和人打交道上。处理好人的关系对架构和项目的成功至关重要。

架构师作为项目组最资深的专业技术人员，是项目组开发测试工程师的前辈。从架构师的身上，工程师可以看到自己的未来，因此架构师在做人做事方面需要严格要求自己，做好表率。

14.1　关注人而不是产品

一定要坚信：**一群优秀的人做一件他们热爱的事，一定能取得成功。**不管过程多么曲折，不管外人看来多么不可思议不靠谱。

所以最好的软件项目管理不是制订计划，组织资源，跟踪修正项目进展，对成员进行激励和惩罚，而是发掘项目组每个成员的优秀潜能，让大家理解并热爱软件产品最终的蓝图和愿景。每个人都是为实现自我价值而努力，不是为了领工资而工作。

一旦做到这一点，项目组每个成员都会自我驱动，自觉合作，寻找达成目标的最优路径并坚韧不拔地持续前进。整个过程中，不需要拙劣的胡萝卜和大棒，最好的奖励就是最终要达成的目标本身，最大的惩罚就是这个美好的目标没有实现。

这也是领导的真谛：**寻找一个值得共同奋斗的目标，营造一个让大家都能最大限度发挥自我价值的工作氛围。**

没有懒惰的员工，只有没被激发出来的激情。所有强迫员工加班的管理者都应该为自己的无能而羞愧。

14.2　发掘人的优秀

有些企业喜欢挖优秀的人，而不是去把自己打造成一个培养优秀人才的地方。殊不知：**是事情成就了人，而不是人成就了事。**指望优秀的人来帮自己成事，不如做成一件事让自己和参与的人都变得优秀。

在前面提到的那个项目中，有一位刚毕业不久的同学，分配给他的任务是调查某个技术功能的实现。事实上这个功能已经有开源的代码实现，只需要将这些代码加入到项目中直接调用就可以了，但是为了让他有较多的时间熟悉项目和背景技术，我没有跟他说你去使用某个开源项目实现这个功能，而是说你调查下这个功能如何实现。

后来，这个同学不但找到了这个功能的开源实现，阅读了文档和代码，还针对我们项目的需求场景对代码做了优化，然后又将这些优化的代码提交给开源项目的作者，最后被合并到开源项目中。

可以说，他的工作不只是超出了我的期望，简直就是让我吃惊，这种吃惊在我的职业生涯中曾多次出现，很多人在工作中做出的卓越成果以及表现出来的优秀让我自愧不如。

大多数人，包括我们自己，都比自己以为的更优秀，有些优秀需要在合适的环境中才会被激发出来，比如做一些有挑战的事，和更优秀的人合作，抑或拥有了超越自我的勇气。

发掘人的优秀远比发掘优秀的人更有意义。

14.3 共享美好蓝图

架构师要和项目组全体成员共同描绘一个蓝图，这个蓝图是整个团队能够认同的，是团队共同奋斗的目标。

蓝图应该是表述清楚的：产品要做什么、不做什么、要达到什么业务目标，都需要描述清楚。

蓝图应该是形象的：产品能为用户创造什么价值、能实现什么样的市场目标、产品最终会长什么样，都需要形象地想象出来。

蓝图应该是简单的：不管内部还是外部沟通，都能一句话说明白：我们在做什么。

蓝图应该写在软件架构设计文档的扉页、写在邮件的签名档、写在内部即时通信群的公告上。

在项目过程中，架构师要**保持对目标蓝图的关注**，对任何偏离蓝图的设计和决定保

持警惕，错误的偏离要及时修正，必要的变更要经过大家讨论，并且需要重新获得大家
的认同。

在电影《十月围城》中，一个年轻的革命党人说"我一闭上眼睛，就看到中国的明
天"。这个明天就是辛亥革命的蓝图，为了这个美好的明天他愿意抛头颅、洒热血，死而
无憾。创业者闭上眼睛就能看到企业的明天；软件产品的开发者闭上眼睛就能看到软件
实现价值的那一刻。这就是蓝图的力量。

> 也许有人会说"你是在忽悠我吧，只是想让我努力工作而已"。青春总会逝
> 去，人总是会死的，当有一天你白发苍苍回首往事，你会为无所事事而遗憾，
> 但不会为被人忽悠而羞愧。批评马云忽悠的人，一定为马云在创建阿里巴巴的
> 时候没有忽悠他成为创始人而遗憾。

14.4 共同参与架构

架构师需要对系统架构负责，但并不是说一定要架构师自己完成架构设计，并要项
目团队严格遵守架构决策。

把架构和架构师凌驾于项目和项目组之上，只会让架构师变成孤家寡人，让架构曲
高和寡。

1. 不要只有架构师一个人拥有架构

架构师不要把架构当做自己的私有财产，为了维护架构的纯洁和架构师的威信而不
让他人染指架构。让项目参与者对架构充分争论，大家越是觉得自己是项目架构的重要
贡献者，就越是愿意对开发过程承担责任，越是愿意共同维护架构和改善软件。

2. 让其他人维护框架与架构文档

框架是架构的重要组成部分，许多重要的架构设计通过框架实现来体现。但是在软
件开发过程中，架构也需要根据需求不断发展演化，框架和架构文档也会随之调整。除
非是重大的重构，否则架构师应该让项目组成员维护框架和架构文档，给项目组成员成
长的机会也让自己有更多的时间去寻找更大的挑战。

14.5　学会妥协

不要企图在项目中证明自己是正确的，一定要记住，你是来做软件的，不是来当老大的。所以不要企图去证明自己了不起，永远也别干这种浪费时间、伤害感情的事。

有个小故事：猎人进山里打猎，反而被一头黑熊抓住了，黑熊说"如果你给我 XX 我就放你走"，猎人无奈只好给黑熊 XX。回去后苦练打猎本领，再次进山，结果又被黑熊抓住，再次要求给了 XX。第三次他又来了，黑熊看到他就乐了"你是来打猎的还是来给我 XX 的？"。

每次我在做项目迷失方向，五迷三道的时候，就会想起这个故事，提醒自己是来做软件的，来实现客户价值的，不是来证明谁对谁错的，不是来给黑熊 XX 的。

很多时候，对架构和技术方案的反对意见，其实意味着架构和技术方案被关注、被试图理解和接受。架构师不应该对意见过于敏感，这时架构师应该做的是坦率地分享自己的设计思路，让别人理解自己的想法并努力理解别人的想法，求同存异。

对于技术细节的争论应该立即验证而不是继续讨论，当讨论深入到技术细节的时候也意味着问题已经收敛，对于整体架构设计，各方意见正趋于一致。

而当大家不再讨论架构的时候，表明架构已经融入到项目、系统和开发者中了，架构师越早被项目组遗忘，越表示架构非常成功；项目组越离不开架构师，越表示架构还有很多缺陷。

14.6　成就他人

我们活着不是为了工作，不是为了做设计、写程序，这些不是我们生活的目的。我们活着是为了成就我们自己，而要想成就自己，就必须首先成就他人。

每个人都有自己成就的目标，而工作是达成自我成就的一种手段：通过工作的挑战，发掘自我的潜能，重新认知自我和世界。

软件开发过程是人的智力活动过程，软件开发不仅是制造软件的过程，也是开发人员完善自我、超越自我的过程。所以我们工作不只是生产产品，还要成就人，并最终成就我们自己。

做成一个项目不但要给客户创造价值，为公司盈利，还要让项目成员获得成长。要让他们觉得通过这个项目，自己的知识技能和业务水平都得到了提高。项目结束时，大家会觉得不可思议："如此完美的产品，如此有挑战的开发居然都是我们完成的"。而且每个人都觉得自己在项目中至关重要不可或缺。

架构师作为团队的技术领导者，在项目过程中不要去试图控制什么，带着一个弹性的计划和蓝图推进，团队会管好他们自己。你越是强加禁令，队伍就越是没有纪律；你越是强制，团队就越是不能独立自主；你越是从外面寻找帮助，大家就越是没有信心。

而一旦打造出一个优秀的团队，在以后的合作中，面临更大的挑战时，架构师就可以从容应对，因为你不是一个人在战斗。同时一个优秀的团队内部也会发生化学反应，创造出超出工作本身的机会，开启更美好的明天。

15

网站架构师职场攻略

开发软件的目的是为了解决现实世界的问题，但是很多时候人们并不清楚真正的问题是什么。有可能大家很辛苦地忙活了一场，发现做出来的软件一点价值没有。

软件开发过程中也会遇到很多问题，需要协调各方面的利益关系获取尽可能大的支持，需要平衡客户需求、软件产出、开发资源之间的关系，需要搞定许多事情才能实现软件设计最初的蓝图。

网站架构师人在职场，需要处理好个人、团队、公司的利益。需要不断地在工作中发现问题，解决问题，提升工作经验、知识技能和核心竞争力，扩大自身影响力，达成工作绩效。

架构师 A 是刚加入公司的新人，参与网站基础技术产品的架构设计和开发。三个月后，他发现自己依然是个打杂的角色，在几个项目里承担不重要的角色，写一些不重要的代码。在之前的公司里，他是技术骨干，担任核心角色，而在这里，自己可有可无。而且现在公司里确实高手如云，好像没有解决不了的问题，不像以前，棘手问题非得自己出马才能搞定。

A 陷入了迷茫。

15.1 发现问题，寻找突破

其实即使是在一流的技术团队里，也一定有数不清的问题，只是人们习惯了这些问题，以至于无视它们的存在。正所谓"鱼是最后一个看见水的"，天天面对这些问题，反而不觉得有什么问题。

- 网站发布日加班不是正常的吗？
- 更新系统配置参数难道不需要重启系统吗？
- 服务器宕机，部署在上面的后台定时任务当然不会执行了。

我们在讨论如何发现问题，已经在脑补这三个问题解决方案的同学，请你把思绪拉回来。

而作为一个新人，以局外人的角度去观察，会发现许多存在的问题。

- 这个第三方程序包已经发布 3.2 版本了，有更好的性能和易用性，而我们还在使用 2.5 版本。
- 业界已经有很多公司在自动化运维方面取得了成功，而我们主要还是人工运维。
- 对于大多数应用，开源的 MySQL 数据库已经绰绰有余，而我们还在使用昂贵的 Oracle 数据库。

有些问题在被解决以后，人们才发现事情原来可以这样啊。淘宝出现之后，人们发现购物可以更便宜、更便捷；iPhone 出现之后，人们发现手机原来可以不光用来打电话发短信；而微信出现之后，人们才发现手机发短信甚至打电话竟然可以不花钱。

所谓问题，就是体验—期望，当体验不能满足期望，就会觉得出了问题。消除问题有两种手段：改善体验或者降低期望。降低期望只是回避了问题，而如果直面期望和体验之间的差距，就会发现问题所在，找到突破点。

A 仔细观察了一段时间后，发现并记录下很多网站技术中存在的问题，经过和团队成员一番沟通，去除了那些积重难返风险太大的、影响较小难出成绩的、已经有团队在做的，决定解决应用程序访问数据库时存在的安全漏洞问题，这个漏洞可能会导致数据库密码泄露，安全无小事，A 觉得可以以此为突破口，打开局面。

新员工 Tips

1. 许多刚加入公司的新员工一开始就急着要做出成绩，但是由于不熟悉环境，四处碰壁，被打消了积极性，反而不利于长远发展。其实新员工首先要做的事情是融入团队，跟大家打成一片，只要能和团队一起共进退，你就不是一个人在战斗。等熟悉了情况，知道了水的深浅后，再寻找突破口，择机而动。

2. 新员工最不需要做的事情就是证明自己的能力。在新环境中一时施展不开就怀疑自己的能力，进而担心被其他人怀疑自己的能力，于是努力想要证明自己，但是常常事与愿违，反而出乱子，伤害了公司和自己的利益。其实既然能经过层层考核和挑选进入公司，就已经证明你有和工作要求相匹配的能力，你要相信当初选中你的同事的眼光和能力。

A 做了一个技术产品提案，详细地描述了问题现状，架构设计，资源需求和产品路线图。这个提案得到了所在团队的支持，安排了两个工程师和他一起开发这个新产品。几个月后，一个可以实现数据库安全访问的程序包开发完成。

但是当他试图推广这个程序包在网站应用中使用的时候，遇到了一点问题：网站应用架构师和开发工程师并不乐意使用这个程序包，他们认为：

- 这个所谓的安全漏洞并不严重，也许技术上有漏洞，但是可以通过管理规范来弥补，网站运行这么多年从没有在这里出现安全问题。
- 这个程序包和以前的程序包调用方式不兼容，需要投入专门的开发资源去改造，网站业务很忙，没有资源。
- 这个程序包依赖复杂，可能会引入难以预料的可用性故障，网站今年已经出现过几次重大故障，不能再承受这种可用性故障的风险了。

软件开发出来，如果没有投入使用，就一点价值也没有，不管架构设计和代码实现多优美都没用。

做出软件不等于解决问题，事实上很多问题确实也不需要用软件来解决。

生产出来的软件实现不了价值，架构师就体现不出价值。

A 应该怎么办呢？

15.2 提出问题，寻求支持

问题被发现，它只是问题发现者的问题，而不是问题拥有者的问题，如果想要解决一个问题，就必须提出这个问题，让问题的拥有者知道问题的存在。

在这个例子中，谁拥有数据库访问密码安全漏洞的问题？或者说，谁需要对可能发生的数据库密码泄露问题负责？

这个问题并不是 A 的问题，他不负责网站安全，出了安全事故也不需要他负责，但是他既然发现了潜在的危险，就不能坐等事故发生后再去处理，而且他也确实需要一个突破口去树立自己的技术地位。

这个问题是网站各个产品线上应用架构师的问题，如果出现密码泄露问题，他们需要承担责任，但是他们认为这个问题不重要，并且通过管理规范的方式已经解决了。

A 如果想要推动它的解决方案被接受，就必须找到其他问题拥有者并愿意支持他的人。

经过一番思考，A 先后给安全总监和 CTO 写了邮件。

在给安全总监的邮件中，A 详细描述了问题场景、解决方案、架构设计和目前遇到的困难。

在给 CTO 的邮件中，A 用很短的篇幅重点描述了问题和现有管理规范的不足，以及可能产生的严重后果。

CTO 收到邮件后立即转发安全总监和网站技术总监。安全总监迅速回复，表示安全团队和基础技术团队已经展开合作并有解决方案，但是需要网站技术团队配合。网站技术总监也回复表示会积极配合推动此事。

A 得到了安全团队的支持和网站技术团队的配合，开始在网站各个应用上实施，使用新的数据库连接程序包。

但是很多网站工程师并不愿意积极配合，他们认为这件事对网站业务没有价值，对自己没有价值，徒增工作量而已。

A 的实施工作并不顺利。

提出问题 Tips

1. 把"我的问题"表述成"我们的问题"

大多数人都不喜欢问题，问题意味着麻烦，当他听到你说"我遇到一个问题"的时候，下意识地要远离你和你的问题。如果你需要他的支持，就要想办法把你的问题变成他的问题，是他遇到了问题，而你来帮他解决。

在多数场合，严格区分"你的问题"还是"我的问题"意义不大，既然你身在其中，就是为了解决问题，所以这个时候把问题表述成"我们的问题"，会拉近彼此的距离。

"Tom，**我们**遇到了一个问题。"

"哦，坐下来，说说看。"

2. 给上司提封闭式问题，给下属提开放式问题

不要问上司"你觉得该怎么办？"这种没有建设性的开放式问题，给上司提问题是希望能够得到他的支持，而不是带着一头雾水等他去指点迷津。公司付你薪水不是让你睁着迷茫的眼睛卖萌。给上司提问应该是"你觉得 A 和 B 两个方案哪个更好？"这种封闭式问题。

给下属提问则相反，用开放式的问题启发他去思考，寻找创新的解决方案。

所以，只有"元芳，你怎么看？"，而没有"大人，你怎么看？"。

3. 指出问题而不是批评人

如果在合作中出现问题，告诉他问题的存在和紧迫性，而不是责问他为什么出现问题。

人在听到批评信息的时候，本能地想要去针对批评进行反驳或者辩解，于是谈话就变成关于批评是否合理的争论，离解决问题越来越远。

4. 用赞同的方式提出问题

在项目评审或者讨论问题的时候，发现对方的方案中存在缺陷，不要直言"你这里有问题"，对方可能会本能地进行自我保护而拒绝你的建议。

用一种温和的方式提出问题"我非常赞同你的方案，不过我有一个小小的建议……"。

所谓直言有讳是指想要表达的意图要直截了当说明白，不要兜圈子，但是在表达方式上要有所避讳，照顾到当事人的感受。

15.3 解决问题，达成绩效

A 在实施过程中发现，虽然网站工程师对这个提供安全管理的数据库连接程序不感兴趣，但是他们希望能改善现有数据库连接程序的性能并能够更容易地维护数据库连接的各种配置参数。

A 停止继续实施，花了几个星期的时间重构了数据库连接程序代码，将性能提高了 50%，并且将数据库密码和连接参数统一管理。在推广这个新版本程序包的时候，A 不再强调其安全性，而是着重宣传其高性能和易用性。

网站工程师看到新的数据库连接程序包不但性能更好，而且不需要管理数据库连接池的配置参数，省了以后维护的麻烦，很乐意接受使用这个新的程序包，很快就集成到应用程序中，部署到生产环境。

而数据库连接参数的配置和管理则提供了一个管理后台给数据库管理员（DBA），由他们统一维护，DBA 长久以来对各个应用不规范的连接方式头痛不已，现在有个工具可以让他们控制管理应用的数据库连接参数，都对此欣然叫好。

通过这个产品的实施，A 熟悉了网站业务，并与网站工程师建立了深厚的革命友谊，也树立了自己的技术威望。

解决问题 Tips

1. 在解决我的问题之前，先解决你的问题

在上面的案例中，推广数据库连接程序包是 A 的问题，而改善数据库连接性能和易用性是网站工程师的问题。在 A 成功地解决了数据库连接的性能和易用性问题后，推广数据库连接程序包自然就不是问题了。

先解决别人的问题有几个好处：

- 你帮别人解决了问题，礼尚往来，别人也会帮你解决问题。
- 在帮别人解决问题的过程中，熟悉了情况，后面解决自己的问题也就得心应手了。

- 解决别人的问题时使用的是你的解决方案，这个方案在你的控制之中，将来往这个方案里再塞一些东西解决自己的问题，手到擒来。

2．适当的逃避问题

有时候，有些人会提出一些不怎么靠谱的问题和方案。比如，一个急着要表现自己能力和价值的新员工，你如果和他直接说"不行"，会挫伤他的积极性，而他经过一段时间的磨合和思考，会自己意识到不可行。

对于这种情况，适当逃避问题，将事情搁置起来是最好的办法。

"我去开个会，我们回来再谈。"

"这个 idea 非常好，我们改天组织一个会议好好讨论一下……"

*本章使用的案例纯属虚构。

16

漫话网站架构师

对于网站和软件企业而言，架构师是一个重要的角色。对于公司，架构师引领公司的技术方向，架构师的眼界和高度决定了公司的技术高度；对于技术团队，架构师的决策和技术方案影响工程师的开发模式和工作量。一个称职的架构师是公司的宝贵财富，而一个不合格的架构师可能会成为开发团队的梦魇，所谓将无能，累死三军。

对于大型网站而言，公司有很多架构师，他们的角色、能力和影响力各不相同，大致可分为以下几类。这些分类方式是非正式的，仅供诸位看官一乐，读者请勿以此给自己所在公司的架构师贴标签。

16.1 按作用划分架构师

设计型架构师

也就是一般意义上的架构师，负责系统架构设计，同时也要负责架构的实施落地、演化发展、推广重构。

救火型架构师

充当救火队员的角色，系统出现故障或者"灵异现象"，会请他们出马解决，有时重要而紧急的项目也会由此类架构师主持。他们通常是公司的元老，对系统有全局性的认识，知道"水有多深"。

布道型架构师

对某一领域有较深刻的认识，有时候甚至是坚定的技术信仰，乐于同他人分享自己的知识，希望能够推广自己的技术主张，此类架构师通常有较好的个人影响力。但有时，由于自身的局限或者不能跟上技术潮流的发展，会成为忽悠型的"大师"、偶像派的专家。

Geek 型架构师

架构师中的 Geek，对某些技术问题的研究达到疯狂偏执的境地，精益求精追求完美。通常由于知识技能不够全面，不符合许多企业对架构师"高大全"的要求，此类架构师常有怀才不遇之惑。

16.2　按效果划分架构师

夏尔巴人架构师

夏尔巴人生活在喜马拉雅山麓，协助探险队或者登山爱好者攀登那些 8000 米以上被称为"生命的禁区"的雪山，帮助他们运送给养到突击队营地，以及作为向导带领登山队员登顶。每一次成功对于登山队员是一次自我的超越，而对于夏尔巴人，不过是完成了一个工作。

夏尔巴人架构师通常会开发项目中最具技术难度和挑战性的模块，从而为整个项目的顺利进行铺平道路。

斯巴达人架构师

传说在古希腊，城邦之间发生战争，如果有城邦向斯巴达人求援，斯巴达人只会派出一个人去协助，但只要这一个人就可以扭转战局。

不管项目有多么艰难复杂，只要有斯巴达人架构师，大家就会坚信，项目一定能顺利完成。斯巴达人架构师带给项目组的，不只是技术和方法，更重要的是必胜的信念。这种信念是架构师自己积累起来的气场和影响力。

达官贵人架构师

此类架构师或者有傲人的学历，或者有辉煌的履历，或仪表堂堂，或口吐莲花，但是公司里如果有个吃人的怪兽，悄悄地把此类架构师都吃光了，也没人会发现。

16.3 按职责角色划分架构师

产品架构师

负责具体互联网产品的技术架构。当产品业务规划确定后，产品架构师就要开始产品的架构设计了，和运营团队确定 PV 数、用户数、商品数等产品运营目标、发展规划、非功能指标；和产品经理确定功能需求、模块划分等功能目标；和项目经理确定各种开发资源。获得必要的信息后进行整体架构设计，参与项目开发。产品架构师一般会参与产品的整个生命周期。

基础服务架构师

有时候也被称为平台架构师，负责开发基础框架、公共组件、通用服务等平台类产品。在大型互联网应用中，基础服务承担着海量的数据存储和核心业务处理服务，有许多挑战性的工作。

基础设施架构师

负责网络、存储、数据库运维管理的架构师，此类架构师一般有专门的称呼（如 DBA 等）。

此外，根据具体的职责，在数据挖掘、搜索技术、安全诚信、运维监控等领域也有专门的架构师。

16.4 按关注层次划分架构师

只关注功能的架构师

架构目标只是完成功能，通常，这不叫架构。

关注非功能的架构师

除了产品功能，架构设计也关注性能、伸缩性、安全性、可用性、系统未来的扩展性，以及上线后易于运维管理、监控报警、故障修复等非功能目标。

关注团队组织与管理的架构师

架构设计不但关注功能目标和非功能目标，同时还考虑开发团队的成员特点、进度安排、开发过程等，使架构设计和项目管理完美融合。

关注产品运营的架构师

架构设计不但关注产品的各项功能、非功能指标和开发过程的可实现性，还关注产品运营是否合理方便，能否达到运营目标，技术架构兼顾产品业务架构。

关注产品未来的架构师

不但关注前面提到的所有方面，还会结合技术发展趋势、公司战略目标、个人及团队发展方向，去思考产品未来的发展前景。为产品的发展演化符合历史发展趋势而设计并为其奠定一个坚实的基础。

16.5　按口碑划分架构师

最好的架构师

和团队相处日久，通常情况下团队成员感觉不出他的存在，貌似没有他工作也可以完成得很好，但是如果他真的离开了，大家就会觉得心里空荡荡，没了主心骨。

好的架构师

深得团队成员的敬重和信任，承担项目中的重要设计开发工作，团队几乎离不开他。

一般的架构师

承担了项目中大部分的技术工作，却常常因为团队成员不符合自己的期望而经常雷霆大发。

差的架构师

既无技术实力也不善于处理人际关系，常被团队成员鄙视，主要工作是给大家添乱、制造笑话和八卦的谈资。

最差的架构师

通过制造压力驱使团队成员努力去完成一些无价值的工作，让每个人都忙碌不堪以使大家都没有注意到他自己其实并不能胜任工作。这种架构师对组织整体和团队成员的伤害无以复加，却常常因为敬业和努力的形象而得到老板的肯定。

16.6　非主流方式划分架构师

普通架构师

从问题和需求出发，结合个人经验、组织资源、业界模式进行架构设计，中规中矩，能够切实可行地解决问题满足需求，是架构师中的普通青年。

文艺架构师

除了像普通架构师那样在架构设计中解决问题，文艺架构师还会在架构设计中进行一些更前瞻的思考和别出心裁的设计。此类架构师的设计文档通常会透着文艺青年的小清新范儿，喜欢在文档的开头描述他们与众不同的设计理念和风格。

1+1 架构师

不包括那些完全不能胜任架构设计工作的架构师，此类架构师喜欢在架构设计中堆砌概念和模式，设计文档宏大而不着调，面面俱到却不解决具体问题，说起来头头是道却不知如何落地。其根源不是不了解真正的问题就是不掌握正确的方法。有时候也不排除这样一种可能性：做架构设计的目的是为了炫耀自己知道这么多术语。

附录A
大型网站架构技术一览

本书关于架构技术原理的组织方式以架构要素作为维度，从系统性能、可用性、伸缩性、扩展性、安全性几个角度阐述网站架构技术要点。还有另一种较为直观的组织方式是从不同架构层次所使用的网站架构技术这个维度进行描述的。

网站系统架构层次如图 A.1 所示。

图 A.1　网站系统架构层次

1. 前端架构

前端指用户请求到达网站应用服务器之前经历的环节，通常不包含网站业务逻辑，不处理动态内容。

浏览器优化技术

并不是优化浏览器，而是通过优化响应页面，加快浏览器页面的加载和显示，常用的有页面缓存、合并 HTTP 减少请求次数、使用页面压缩等。

CDN

内容分发网络，部署在网络运营商机房，通过将静态页面内容分发到离用户最近的 CDN 服务器，使用户可以通过最短路径获取内容。

动静分离，静态资源独立部署

静态资源，如 JS、CSS 等文件部署在专门的服务器集群上，和 Web 应用动态内容服务分离，并使用专门的（二级）域名。

图片服务

图片不是指网站 Logo、按钮图标等，这些文件属于上面提到的静态资源，应该和 JS、CSS 部署在一起。这里的图片指用户上传的图片，如产品图片、用户头像等，图片服务同样使用独立部署的图片服务器集群，并使用独立（二级）域名。

反向代理

部署在网站机房，在应用服务器、静态资源服务器、图片服务器之前，提供页面缓存服务。

DNS

域名服务，将域名解析成 IP 地址，利用 DNS 可以实现 DNS 负载均衡，配置 CDN 也需要修改 DNS，使域名解析后指向 CDN 服务器。

2. 应用层架构

应用层是处理网站主要业务逻辑的地方。

开发框架

网站业务是多变的，网站的大部分软件工程师都是在加班加点开发网站业务，一个好的开发框架至关重要。一个好的开发框架应该能够分离关注面，使美工、开发工程师可以各司其事，易于协作。同时还应该内置一些安全策略，防护 Web 应用攻击。

页面渲染

将分别开发维护的动态内容和静态页面模板集成起来，组合成最终显示给用户的完整页面。

负载均衡

将多台应用服务器组成一个集群，通过负载均衡技术将用户请求分发到不同的服务器上，以应对大量用户同时访问时产生的高并发负载压力。

Session 管理

为了实现高可用的应用服务器集群，应用服务器通常设计为无状态，不保存用户请求上下文信息，但是网站业务通常需要保持用户会话信息，需要专门的机制管理 Session，使集群内甚至跨集群的应用服务器可以共享 Session。

动态页面静态化

对于访问量特别大而更新又不很频繁的动态页面，可以将其静态化，即生成一个静态页面，利用静态页面的优化手段加速用户访问，如反向代理、CDN、浏览器缓存等。

业务拆分

将复杂而又庞大的业务拆分开来，形成多个规模较小的产品，独立开发、部署、维护，除了降低系统耦合度，也便于数据库业务分库。按业务对关系数据库进行拆分，技术难度相对较小，而效果又相对较好。

虚拟化服务器

将一台物理服务器虚拟化成多台虚拟服务器，对于并发访问较低的业务，更容易用较少的资源构建高可用的应用服务器集群。

3. 服务层架构

提供基础服务，供应用层调用，完成网站业务。

分布式消息

利用消息队列机制，实现业务和业务、业务和服务之间的异步消息发送及低耦合的业务关系。

分布式服务

提供高性能、低耦合、易复用、易管理的分布式服务，在网站实现面向服务架构（SOA）。

分布式缓存

通过可伸缩的服务器集群提供大规模热点数据的缓存服务，是网站性能优化的重要手段。

分布式配置

系统运行需要配置许多参数，如果这些参数需要修改，比如分布式缓存集群加入新的缓存服务器，需要修改应用程序客户端的缓存服务器列表配置，并重启应用程序服务器。分布式配置在系统运行期提供配置动态推送服务，将配置修改实时推送到应用系统，无需重启服务器。

4．存储层架构

提供数据、文件的持久化存储访问与管理服务。

分布式文件

网站在线业务需要存储的文件大部分都是图片、网页、视频等比较小的文件，但是这些文件的数量非常庞大，而且通常都在持续增加，需要伸缩性设计比较好的分布式文件系统。

关系数据库

大部分网站的主要业务是基于关系数据库开发的，但是关系数据库对集群伸缩性的支持比较差。通过在应用程序的数据访问层增加数据库访问路由功能，根据业务配置将数据库访问路由到不同的物理数据库上，可实现关系数据库的分布式访问。

NoSQL 数据库

目前各种 NoSQL 数据库层出不穷,在内存管理、数据模型、集群分布式管理等方面各有优势,不过从社区活跃性角度看,HBase 无疑是目前最好的。

数据同步

在支持全球范围内数据共享的分布式数据库技术成熟之前,拥有多个数据中心的网站必须在多个数据中心之间进行数据同步,以保证每个数据中心都拥有完整的数据。在实践中,为了减轻数据库压力,将数据库的事务日志(或者 NoSQL 的写操作 Log)同步到其他数据中心,根据 Log 进行数据重演,实现数据同步。

5. 后台架构

网站应用中,除了要处理用户的实时访问请求外,还有一些后台非实时数据分析要处理。

搜索引擎

即使是网站内部的搜索引擎,也需要进行数据增量更新及全量更新、构建索引等。这些操作通过后台系统定时执行。

数据仓库

根据离线数据,提供数据分析与数据挖掘服务。

推荐系统

社交网站及购物网站通过挖掘人和人之间的关系,人和商品之间的关系,发掘潜在的人际关系和购物兴趣,为用户提供个性化推荐服务。

6. 数据采集与监控

监控网站访问情况与系统运行情况,为网站运营决策和运维管理提供支持保障。

浏览器数据采集

通过在网站页面中嵌入 JS 脚本采集用户浏览器环境与操作记录,分析用户行为。

服务器业务数据采集

服务器业务数据包括两种，一种是采集在服务器端记录的用户请求操作日志；一种是采集应用程序运行期业务数据，比如待处理消息数目等。

服务器性能数据采集

采集服务器性能数据，如系统负载、内存使用率、网卡流量等。

系统监控

将前述采集的数据以图表的方式展示，以便运营和运维人员监控网站运行状况，做到这一步仅仅是系统监视。更先进的做法是根据采集的数据进行自动化运维，自动处理系统异常状况，实现自动化控制。

系统报警

如果采集来的数据超过预设的正常情况的阈值，比如系统负载过高，就通过邮件、短信、语音电话等方式发出报警信号，等待工程师干预。

7．安全架构

保护网站免遭攻击及敏感信息泄露。

Web 攻击

以 HTTP 请求的方式发起的攻击，危害最大的就是 XSS 和 SQL 注入攻击。但是只要措施得当，这两种攻击都是比较容易防范的。

数据保护

敏感信息加密传输与存储，保护网站和用户资产。

8．数据中心机房架构

大型网站需要的服务器规模数以十万计，机房物理架构也需要关注。

机房架构

对于一个拥有十万台服务器的大型网站，每台服务器耗电（包括服务器本身耗电及空调耗电）每年大约需要人民币 2000 元，那么网站每年机房电费就需要两亿人民币。数据中心能耗问题已经日趋严重，Google、Facebook 选择数据中心地理位置的时候趋向选择散热良好，供电充裕的地方。

机柜架构

包括机柜大小，网线布局、指示灯规格、不间断电源、电压规格（是 48V 直流电还是 220V 民用交流电）等一系列问题。

服务器架构

大型网站由于服务器采购规模庞大，大都采用定制服务器的方式代替购买服务器整机。根据网站应用需求，定制硬盘、内存、甚至 CPU，同时去除不必要的外设接口（显示器输出接口，鼠标、键盘输入接口），并使空间结构利于散热。

附录B
Web 开发技术发展历程

随着互联网的发展，Web 服务端开发技术也经历了几次大的变迁。早期的 Web 服务器只简单地响应浏览器端的请求，返回静态的 HTML。随着 CGI（Common Gateway Interface，通用网关接口）技术的出现，Web 服务端可以根据不同用户请求产生动态页面内容。CGI 处理动态请求的基本过程如图 B.1 所示，Web 服务器将请求数据交给 CGI 程序，CGI 程序进行运算处理，生成 HTML 输出，通过 Web 服务器返回给浏览器。早期主要的 CGI 编程语言是 Perl，高效便捷的开发特性使其成为当时许多网站开发的首选。但是 Web 服务器通过启动独立进程的方式调用 CGI 程序，消耗许多不必要的系统资源。Java Servlet 则以线程方式在 Java Web 容器中调用 Servlet，较 CGI 方式消耗资源更少。

一般来说 CGI 技术（广义上也包括 Java Servlet）被称作脚本模式，CGI 程序需要解析 HTTP 请求，处理业务逻辑，并在输出流中构造响应信息的 HTML。这种技术的优点和缺点是同一个特性——可以在 CGI 程序中做任何事情。CGI 程序在获得最大处理能力的同时，也给开发人员带来了麻烦：负责编写业务逻辑程序的程序员不擅长处理 HTML，而负责页面构造的美工人员则对程序束手无策。同样维护这样的程序也是一个噩梦，业务代码和页面语法耦合在一起，让人无从下手。

PHP 及随后 ASP、JSP 的出现改善了这一局面，与 CGI 在程序中输出 HTML 流正好相反，开发人员可以在 HTML 中嵌入程序代码。这种模式被称作服务器页面模式。直到现在，PHP 仍然是许多中小型网站建站首选技术，和 Apache、MySQL、Linux 共同组成一个强大的 Web 开发平台，被称作 LAMP。

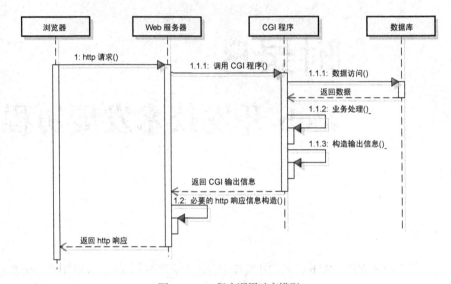

图 B.1　CGI 程序调用时序模型

既然 CGI 程序擅长处理请求信息，而服务器页面擅长构造响应页面，那么能不能将两者结合起来呢？答案就是 MVC（模型-视图-控制器）模式，如图 B.2 所示，控制器接收处理所有的 HTTP 请求，根据请求信息将其分发给不同的模型对象处理，再根据模型处理结果选择构造视图，得到最终响应信息。使用 MVC 模式可以很好地分离模型与视图，使二者完全解耦，互相影响降到最低。

模型和视图分离为系统开发维护带来了诸多好处，为目前 Web 开发流畅的分层架构模式奠定了基础。分层模式可以更进一步分离关注面和降低系统的耦合性，通过分层，隔离上层对下层的直接依赖，上层设计无需过多考虑下层实现；各层之间较少耦合，只要保持接口规范不变，各层可以随意替换和复用。Web 开发中通常将服务端划分为三层：表现层、业务逻辑层和数据源层。表现层完成视图展现和用户交互；业务逻辑层实现系统的核心逻辑；数据源层负责数据存储、交换和通信。这种层次划分是逻辑上的，物理部署上多个层会作为一个应用部署在一起。

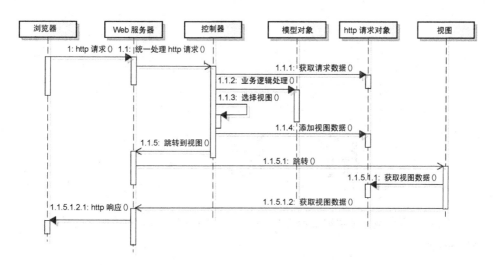

图 B.2　MVC 系统调用时序模型

上面简单回顾了 Web 开发的技术发展历程和一些早期主要架构模式，这些模式在企业 Web 应用开发中也有许多实践。但是随着互联网应用的快速发展，需求场景和业务领域都有一些和传统企业应用不同的特点，对系统的可用性、扩展性、响应性能、伸缩性、安全性都提出了更高的要求，网站技术架构也和企业应用技术架构脱离，走上了一条更具创新性的发展之路。

后 记

这是一本讲大型网站架构设计的书，但是大型网站不是设计出来的，而是逐步发展演化出来的。

不要企图去设计一个大型网站！

有些传统企业进军互联网，凭借其雄厚的资金、丰富的行业经验、近乎垄断的市场地位，试图在互联网领域开发一个大型网站复制其在传统行业的优势地位。但是互联网发展运行有其自己的规律，短暂的互联网历史已经一再证明这种企图是行不通的。

垄断、牌照、行业壁垒、国有资本、行政资源，这些在传统行业呼风唤雨的魔法到了互联网领域只会被嘲笑、被捉弄。庞大只是笨拙而已，壁垒只会画地为牢，没什么了不起。

互联网没有门槛，谁都可以进来玩，但是进来后，最好把那些陈旧的思想和包袱放下，重新来过。

互联网是一个开放和分享的世界，这里是创新者的乐园，探险者的处女地。只要你努力，富有想象力和聪明才智，能为用户创造价值，能推动社会进步，不管你开始时多么弱小，总有机会迅速聚集资金、人才和注意力，在很短的时间内发展壮大。

互联网是一种精神，一种开放、分享、自由的精神；越是付出不问回报，越是获得丰厚的回报；越是不设边界，越是拥有整个世界。互联网是一种颠覆，打碎所有的藩篱，给所有人平等表达和获取的机会，每个人都可以发出自己的声音。互联网是一种建设，重塑人们的思维方式和社会运行方式，建设一个人和人彼此理解信任的大同世界。

互联网正在并将继续改变这个世界，一切才刚刚开始，你我正生逢其时！